2022
대학입시를
알지
못하는
엄마들에게

2022

한 권 으 로 끝 내 는 대 입 의 정 석

대학입시를
알지
못하는
엄마들에게

중상위권 대학 입학처 베테랑 교직원이 밝히는 현실 대입의 모든 것!

김도하 지음

izi 이지퍼블리싱

이 책은 입시를 알고 싶어 하는 엄마들을 위한 책입니다. 대학 잘 가는 법, 입시 정보를 알려주는 책이 아닙니다. 우리 엄마들이 우리 아이의 대입에 어떻게 대처하면 좋을지에 대해 길잡이가 되어 줄 이야기입니다.

저는 수도권 중상위권 대학의 입학처에서 20년 동안 근무해 온 교직원입니다. 현재 입학사정관도, 아이를 키우는 엄마도 아닙니다. 하지만 대학 입학처에 근무하면서 전형을 총괄운영하며 신입학 전형계획을 세우고 입학홍보, 입학사정관 등 다년간 입학업무를 담당해왔습니다.

이 책에는 입학사정관도, 학부모도 모르는 이야기를 담았습니다. 단편적이고 피상적으로 돌아다니는 대입정보가 정작 우리아이에겐 아무런 도움이 되지 않는 것이고 심지어 위험할 수 있다는 사실도 담겼습니다. 무엇보다 우리 아이의 장단점을 파악하는 것이 얼마나 중요한가를 전하고 싶습니다.

특히, 수도권 중상위권 대학에서 바라보는 중상위권 학생이 알아야 할 것을 담고자 했습니다. 열심히 공부하고 있지만 애매한 성적이라고도 볼 수 있는 중상위권 학생들이 아주 작은 차이로도 다른 결과를 낼 수 있기에 그들에게 도움이 되는 정보를 담았습니다.

복잡한 대입? 읽기만 해도 불안감이 줄어듭니다.

요즘 대입은 복잡하고 어렵습니다. 왜냐하면 해마다 바뀌고 있으니까요. 지금 대입제도도 잘 모르는데 또 바뀐다고 합니다. 거의 해마다 다른 제도로 대학에 입학한다고 하니 더욱 무섭기만 합니다. 인터넷 기사를 읽어봐도 단톡방을 읽어봐도 학원설명회를 가도 마치 경제신문처럼 무슨 말인지 이해가 되지 않습니다. 그래서 대부분의 엄마들은 막연하게 두려워하죠. 그 막연한 두려움은 불안감을 증폭시키고요.

하지만 불안하다고 사교육에만 우리 아이의 미래를 맡길 수는 없습니다. 나만큼 내 아이를 사랑하는 사람이 없듯, 나만큼 내 아이에게 정성을 쏟아 아이에게 딱 맞는 대학, 전형, 학과를 선택할 수 있는 사람도 없습니다. 아이가 스스로 알아서 해주면 정말 좋겠지만 빈구석이 분명히 있어요. 그 빈구석은 엄마가 채우지 않으면 세상 어느 누구도 채워줄 수 없어요. 자연계 최상위권에 관련된 이야기가 주를 이루는 입시 전문가들의 말을 무조건 우리 아이에게 적용해 따라가는 게 과연 맞는 방법일까 늘 마음 한 켠이 불안했잖아요.

저는 이 책을 통해 엄마가 우리 아이에게 딱 맞는 대입을 설계할 수 있도록 도와드리고자 합니다. 다만 아주 편한 정답을 딱 준비해 드릴 수는 없어요. 대입에서 모두에게 통용되는 아주 확실한 단 하나의 처방은 존재하지 않거든요. 저는 방법을 알려드릴 거예요. 실제 공부는 엄마가 해주셔야 해요. 그 과정이 지루하고 힘들 수 있어요. 하지만 어렵지는 않습니다. 아주 작은 일부터 시작할 거예요. 그렇게 조금씩 시작하다보면 우리 아이에게 해줄 수 있는 것이 무엇인지 알게 되고 정확히 알기만 하면 불안감이 줄어들 겁니다.

엄마표 대입이 필요한 이유

사교육업체의 설명회를 다녀오면 기분이 어떠세요? 착잡하면서도 한편으론 다행이라는 느낌 들지 않으세요? 복잡해서 제대로 알아들을 수 없는 입시제도지만 학원에서 수업을 듣기만 하면 왠지 잘 될 것 같다는 희망을 얻었기 때문이 아닐까요.

업체 설명회의 목적은 등록생을 모으는데 있어요. 그러니 설명회가 끝나면 불안하지만 한편으론 해법이 보이지요. '원장님 직강 반에 들어갈 수 있다면 우리 아이도 명문대는 문제없겠네' 이런 생각이 들잖아요. 그래서 아이에게 레테(레벨테스트) 준비 시키지요? 사실 레벨테스트의 목적은 아이의 수준별 학습을 위한 반배정이지요. 아이 실력 그대로 테스트를 해야 맞지만 다들 알면서도 레벨테스트 준비를 따로 시켜서 상위반에 들어갔으면 해요. 왜냐하면 상위반에 들어가면 명문대 입학이 보장된 것 같은 생각이 드니까요. 부담되는 학원비 따위는 신경도 쓰이지 않지요. 일단 학원 등록이 중요하다는 생각이 드니까요. 학원을 다닌다고 명문대 입학이 보장되지 않다는 걸 엄마도 잘 알고 있는데도 현실은 그래요.

학원 설명회에서 보여주는깔끔하게 이해하기 편하게 정리된 정보가 머리에 쏙쏙 들어오지요. 불안함이 한결 누그러져요. 하지만 그런 입시 정보를 잘 들여다보면 어떤 기준으로 어떤 방식으로 정리된 정보인지 세대로 표기되어 있지 않아요. 대표성이 있는지, 일반화를 시킬 수 있는 것인지에 대해 알 길이 없어요. 거짓말은 아니지만 대부분 개인의 의견이거나 한두 명의 사례일 경우가 많아요. 왜냐하면 이제 대입에서 모든 아이들에게 일반적으로 적용되는 정보가 거의 없거든요. 결국 우리 아이에게는 별로 도움이 되지 않을 가능성이 높은 거지요.

요즘 대입은 입시제도와 우리 아이를 모두 잘 알아야 해요. 그래야 원하는 결과를 얻을 수 있어요. 현실에서는 대부분 입시 제도를 잘 알지만 우리 아이에 대해서는 잘 모르는 전문가(사교육)에게 우리 아이의 입시를 일임해요. 과연 우리 아이에게 도움이 될까요?

반대로 우리 아이에 대해 잘 아는 사람(엄마)은 대부분 입시를 잘 모르지요. 하지만 엄마가 입시에 대해서도 잘 안다면 어떨까요? 우리 아이에게 정말 도움이 되는 것이 무엇인지 아시겠지요?

정시에서 대부분의 학생을 선발하던 시절에는 무조건 수능 총점을 올리면 됐어요. 수능시험에 포함된 과목이 많고 범위도 넓으니 무조건 공부량을 늘리고 정답을 많이 맞추는 게 방법이었어요. 본인이 원하기만 하면 과목, 취약한 부분까지 정확히 진단이 가능했어요.

그러나 요즘 입시는 달라요. 과목수도 범위도 대폭 줄었습니다. 절대평가도 있고 비교과도 평가에 포함됩니다. 정량으로 평가하는 범위를 줄이니 아이들의 실력이 부쩍 향상되었어요. 입시 중에서도 가장 단순하다는 정시모집 조차도 총점이 같아도 과목별 점수가 다르면 합격, 불합격이 갈릴 수 있어요. 예를 들어 수능 점수의 백분위 평균 점수가 같은 아이라도 과목별 표준 점수에 따라, 과목별 가중치에 따라 유불리가 정해지거든요. 이렇게 단순한 정량평가만 있으면 다행이지요. 정성평가라며 수치로 환산되지 않는 평가방법도 늘어났어요. 단순하게 말하면 대학은 고등학교에서 말로 풀어 써준 내용을 평가해서 수치로 만들어 등수를 매기고 있어요. 같은 학생부를 제출해도 평가자마다, 대학마다 평가결과가 다른 것이 요즘 대입이에요. 결국 엄마가 할 일은 우리 아이의 학생부(성적표)가 보다 높은 점수로 환산될 방법을 찾는 거예요. 이렇게 요즘 대입은 너무 복잡하고 개인화가 되어서 각자가 해결 방법을 찾아야 합니다. 전문가가 우리 아이만을 위해 이런 수고를 해줄까요?

문제를 해결하기 위해 가장 먼저 해야 할 일은 문제를 정확히 찾는 것입니다. 문제가 무엇인지만 알아도 저절로 해결되는 일이 많아요. 이제는 해결해야 할 문제를 찾는 것도 꽤 품을 들여야 하는 시대가 되었어요. 그런데 우리는 여전히 90년대 방식으로 답만 먼저 찾고 있어요. 요즘은 모든 수험생의 문제가 다 다르니까 문제가 무엇인지 정확히 확인하는 시간이 별도로 필요해요. 그런데도 옛날 방식만 따라서 해결에만 급급하다보니 이렇게 불안하고 우왕좌왕하는 거지요. 해답을 찾기가 어려우니 결국 남들이 다 하는 방법, 사교육으로 직행합니다. 수학이 문제인지, 국어가 문제인지도 정확히 모르고 일단 학원에 가는 거지요. 대부분 결과가 만족스럽지 않지만 아주 나쁘지도 않으니 그냥 해요. 사실은 목표가 명확치 않으니 나쁘지 않으면 잘 된 거라고 밖에 생각할 수 없어요. 어차피 결과가 같으면 상관없는 것이라 생각할 수 있지만, 방향성이 명확히 있는 것과 없는 것은 최종 결과가 다를 수밖에 없어요. 중간 중간 고비가 있을 때마다 나침반이 없으니 불안감이 다시 찾아오는 거지요.

물론 사교육의 도움으로 결과가 좋았던 아이도 있어요. 우연히 해결방법이 아이와 잘 맞아 결과가 좋았던 거지요. 하지만 인생의 모든 고비에서 운이 좋을 수는 없잖아요. 숙고 과정을 거쳐 내린 결론이 다른 사람들과 똑같이 외부전문가에게 맡기는 것이라 해도 내면은 다를 수밖에 없어요. 그리고 우리 아이의 미래도 다를 수밖에 없고요. 가는 길에 생기는 크고 작은 장애물에 뒤통수를 맞아도 놀라지 않을 수 있고, 맞았다 해도 대처해나가는 방법도 금방 찾을 수 있고요.

가장 먼저 해야 할 일은 아이의 장단점을 명확히 알아야 하는 거에요. 문제만 정확히 파악할 수 있다면 자연스럽게 해결방법을 찾는 경우가 많아요. 예를 들어 요즘은 내신이든 수능이든 수학을 잘하는 아이가 입시에서 유리해요.(나중에 설명하겠지만 수학은 이제 문이과를 막론하고 무조건 잘해야 유리해요) 그래서 아이의 수학 성적이 안 좋다면 포기하기 보다는 원인을 찾아야지요. 수학공부에 대한 의지가 없다면 그 이유를 알아봐야겠지요. 흥미를 돋울 수 있는 방법을 찾아보거나 다른 좋아하는 과목을 찾아보는 것이 방법일 수 있지요. 혹은 의지가 있고 열심히 하는데 원하는 만큼 성과가 나오지 않을 수도 있어요. 이유를 찾아야 해요. 여러 사람이 모여 함께 공부하는 것이 불편한 아이라면 혼자 공부하는 시간을 늘려줄 수 있고요, 인터넷 강의를 시작할 수도 있고 자기주도 학습 방법을 별도로 배워보는 것도 방법이에요. 일대일로 선생님과 의사소통이 필요한 아이라면 개인 과외를 할 수도 있지요. 혹은 무서운 선생님과 공부하는 것이 부담스러운 아이라면 이미 라포가 형성된 수학 잘하는 지인을 섭외할 수도 있어요. 여러 명이 모여 경쟁하는 분위기를 좋아한다면 레벨테스트에 합격한 아이만 들어갈 수 있는 유명 학원에 들어가는 것도 방법이에요. 이렇게 아이에게 맞는 방법을 찾아주는 것이 엄마의 역할이에요.

그렇다고 단번에 정확하게 문제를 파악하려고 조급하게 생각하는 것도 금물입니다. 아이 자신도 본인의 장단점을 정확히 모르는 경우가 많아요. 아이와 함께 여러 가지를 시도하며 조금씩 아이의 장단점을 찾아보는 건 꽤 긴 여정이 될 거에요. 힘들고 답답하겠지만 엄마표 대입은 문제를 정확하게 찾아가는 과정이고 우리 아이를 행복하게 만들어주는 방법이라는 것을 잊지 말아주세요.

|차례|

3. 우리 아이 걱정 마세요. 잘하고 있어요!

4. 대입과 친해지기 1

5. 대입과 친해지기 2

6. 입시정보 손품 팔기

7. 엄마의 아이공부

8. 입학처 이야기

1

해마다 바뀌는 대학입시

이번 장에서는 우리를 불안하게 하는 입시제도의 변화에 대해 이야기할 거예요. 하나하나 체크하고 알아보면 생각보다 별거 아니라고 느껴질 거예요. 겉으로는 많은 변화가 있어 보이지만 중요한 것은 거의 바뀌지 않았으니까요.

대학입시는 달라진 것이 없어요

대학입시에 대해 소문이 무성하지요. 1등급을 해도 서울대를 갈 수 없다고들 하고요. 그런데 우리 아이는 2등급도 간신히 받아올 때가 많아요. 불안하기 짝이 없습니다.

유명한 학원 설명회나 고등학교 학부모 모임은 빠지지 않고 참석하지만 불안감만 더욱 높아지지요. 정보를 얻으러 갔지만 더욱 혼란스러워졌던 경험을 많이 하셨을 거에요. '우리 아이는 저 정도 성적도 안 되는데 어떻게 해야 하나'같은 생각도 많이 하셨을 거고요. 왜냐하면 대부분의 입시정보는 자연계열 최상위권에 맞춰져있기 때문이에요. '서울대를 몇 명이 갔다더라', '의대를 몇 명이 갔다더라' 같은 이야기는 많이 듣지만 중상위권 대학에 몇 명 갔는지, 혹은 중상위권 대학에 합격한 학생 한 명 한 명의 합격사례는 자세히 소개되지 않아요.

학원의 입시 설명회는 학원 홍보가 목적이에요. 시선을 끌어야 하지요. 드라마틱한 이야기가 아니라면 관심을 끌 수 없으니 자극적인 사례를 일부러 발굴하는 경우가 많아요. '모든 과목이 1등급인데도 서울대를 떨어졌더라' 혹은 '3등급인데 서울대 갔다더라' 같은 이야기는 많이 들었지만 '3등급이 중위권 대학 갔다' 같은 이야기는 대규모 설명회에서 들어본 적 없을 거에요. 현실에서는 3등급이라 중위권 대학에 간 아이들이 가장 많을텐데 말이죠. 일반화되기 힘든 이야기들이 주로 회자되는 곳이 입시설명회, 입시카페라고 생각하면 됩니다.

실제로 대입을 잘 들여다보면 대부분의 아이들은 예나 지금이나 비슷해요. 공부를 잘하면 됩니다. 수능을 잘 보고 중간·기말 고사를 잘 보면 됩니다. 여전히 지필고사가 중요해요.

오히려 입시는 예전에 비해 단순해졌습니다. 대학입학전형 기본사항의 가장 중요한 원칙은 대입전형의 간소화라서 모든 대학이 이 원칙을 철저하게 준수하고 있답니다. 하지만 현실 대입은 많이 복잡하게 느껴지지요. 평가기준이 표준화 되어있지 않기 때문이에요. 이렇게 평가방법이 애매해지면서 참고할만한 입시결과도 애매해졌어요. 대부분의 신입생을 선발하는 수시모집은 우리 아이의 수준을 가늠해볼 수 있었던 모의고사도 없어요. 변수가 다양해진 만큼 다양한 이야기가 난무하고 옳고 그른 것도 없어졌어요. 어렵고 복잡하게 느껴지는 것은 이런 이유에요.

그런데 잘 생각해보면 이 모든 것은 입학생을 선발하는 평가자들도 마찬가지예요. 학생부는 고등학교마다 혹은 교육과정별로 달라요. 더구나 비교과는 평가 내용을 말로 풀어쓴 거에요. 애초에 남과 비교를 한다는 것 자체가 어불성설이지요. 하지만 대학은 입학생 선발을 위해 말로 풀어쓴 자료도 상대평가를 해서 순위를 매깁니다. 당연히 비교과만으로 순위를 매기는 것은 어려운 일이지요. 반면에 내신 성적은 표준화 기준에 따라 상대평가를 한 결과예요. 1등부터 꼴등까지 비율에 따라 등급을 나눠 숫자로 표시합니다. 고등학교는 학교별 차이를 감안해도 전국적으로 같은 기준, 비슷한 교육과정을 거쳐 나온 숫자에요.

예를 들어 볼게요. 세부특기사항에 엄청난 미사여구가 있지만 내신 성적이 평균 3.5인 학생과 내신 성적이 평균 1.0이지만 세부특기사항에 별 내용이 없는 학생이 경쟁을 하면 평가자 입장에서 어떤 학생에게 더 좋은 평가를 할까 한번 생각해 보세요. 후자의 학생은 일단 학업능력이 보장된 데다 그 많은 학생들과의 경쟁에서 단 한번도 1등을 놓치지 않았다는 것은 정말 대단한 일이잖아요. 질풍노도 사춘기에 성적에 기복이 없었다는 것은 큰 장점입니다. 성실성, 발전가능성에서 점수를 받을 수 있어요. 물론 내신 평균이 1.1인 학생과 1.2인 학생이 경쟁을 한다면 다른 이야기에요. 이렇게 교과 성적이 비슷하다면 비교과가 분명 영향을 끼치겠지요. 하지만 내신 성적에서 차이가 크다면 결과가 어떨지 뻔하죠? 결국 '성적'입니다.

비교과가 의미 없다는 이야기가 아닙니다. 교과를 먼저 평가한 후 우열을 가리기 어려운 경우 비교과가 위력을 발휘한다는 것이지요. 이런 연유로 비교과가 풍부한 학생들이 '학종에 속았다'는 말을 많이 합니다.

대학은 공부를 하는 곳이에요. 실전 지식이나 센스로 실적을 많이 낼 수 있는 학생을 뽑는 곳이 아니에요. 상위수준의 교육을 받을 수 있도록 기초지식이 제대로 갖춰져 있는 학생을 원합니다. 교과만으로도 순위가 갈릴 수 있는 중상위권에서는 결국 가장 중요한 것이 무엇인지 이해하겠지요?

POINT

애매한 대학 평가기준이 많아졌지만 예나 지금이나 대입에서 중요한 것은 지필고사 성적이다. 특히 중상위권에서는 더욱 그렇다.

계속 바뀌는 것 같은 입시?

학생부종합전형에서 2021학년도부터 모든 과정에 블라인드가 진행되기 시작했어요. 큰 그림에는 변화가 없었다고 하지만 모집단위별로는 변화가 꽤 있었을 거에요. 학생부종합전형은 평가자별 고사이기에 평가자의 역량이 다른 전형과는 다르게 결과에 영향을 많이 미쳤지요. 그런데 2021학년도부터는 참고자료로 사용했던 고교 프로파일을 평가 참고자료로 쓸 수 없게 되었으니 그야말로 전적으로 평가자 역량만으로 평가를 하게 되었거든요. 정성평가이니 평가자의 역량뿐 아니라 평가자의 가치관, 평가하는 순간의 상태도 중요해요.

수능 최저학력기준이 있었던 경우는 실제 선발해 놓은 인원 중에 수능 최저학력기준을 통과한 인원이 적어 미충원이 난 사례도 심심치 않게 찾을 수 있어요. 수능 최저학력기준은 말 그대로 최저선입니다. 서류전형과 면접까지 다 통과한 아이가 최저 학력기준을 못 맞춰 불합격한다는 건 평가의 기준을 다시 생각해봐야할 것이 아닐까라는 생각을 조심스럽게 해봤습니다. 수능시험은 어찌되었든 고등학교 생활을 총 정리하는 시험이니까요.

여기까지는 그동안 있었던 변화이고요, 앞으로도 변화가 계속 예고되어 있어요.

2015교육과정을 이수한 학생들이 본격적으로 대학에 입학하게 되면서 진로 선택과목에 대한 이야기가 많이 나오고 있어요. 진로 선택과목은 절대평가를 하지만 수능영어처럼 세분화된 점수체계가 아닙니다. 예체능 과목처럼 A,B,C 세 가지 점수만 있어요. 그러니 정량화 하는 것이 참 애매해요. 지금은 몇 과목에 한정되어 있어서 대학에서는 다양한 방법으로 평가에 활용하고 있어요. 점수에 맞춰 정량점수를 부여하기도 하지만 표준편차를 가지고 등급을 역산하기도 하고 진로 선택과목에 대해 별도로 정성평가를 하기도 합니다. 아예 반영하지 않는 대학도 있어요. 하지만 2025학년도에 고교1학년이 되는 2021년 현재 초등학교 6학년부터 기초과목 외에는 모든 과목을 절대평가 과목으로 만든다고 합니다. 수능 영어성적처럼 평가체계를 좀 더 세분화할 예정이라고 하네요. 이에 따라서 학생부교과전형의 평가 방식이 영향을 많이 받을 거예요. 기초과목을 제외하고는 등급이 없으니 모든 학생이 A를 받아오면 등수를 매길 수가 없으니까요. 학생부교과전형은 지역균형 선발 원칙에 따라 선발 비율을 늘려야하는 전형이니 더욱 그 변화가 공식화 되겠지요.

수능위주전형 역시 비슷한 상황이 예상되고 있어요. 역시 2028학년도부터 수능 논서술형 시험이 예고되어 있거든요. 게다가 수능시험의 모든 과목이 영어 과목처럼 절대평가가 될 수 있다고 예측하는 사람도 있어요.

이렇게 자꾸 변한다는 이야기를 들으면 불안하시죠? 하지만 중요한 것은 바뀌지 않아요. 특히 중상위권이 해야 할 일은 예나 지금이나 똑같아요. 결국 공부를 열심히 하는 수밖에 없어요. 비교과활동이 대입에 활용되고, 중·고등학교의 절대평가 과목이 생겼지요. 수시형, 정시형을 미리부터 나누는 것도 현실 고등학교에서는 쉽지 않아요. 왜냐하면 수능시험이라는 것이 고등학교 교육과정을 잘 거쳤는지를 알아보는 시험이니까요. 최상위권이나 하위권은 수능과 내신이 차이나는 경우가 꽤 있지만 중상위권은 대부분 수능과 내신의 성적이 비슷해요.

아무리 고등학교 교육과정이 변하고, 대입제도가 변한다해도 중요한 것은 변치 않아요. 잊지마세요.

POINT

고등학교 교육과정, 대입제도가 변한다고 해서 대학의 평가방식이 송두리째 바뀌지 않는다. 예나 지금이나 중요한 것은 똑같다. 특히 중상위권은 공부를 잘 하면 된다.

고교학점제가 본격화 되면 대입이 바뀐다는데?

고등학교에서의 평가가 대부분의 과목이 절대평가로 되면 대학은 학생을 어떻게 평가해서 선발할까요? 물론 우수한 학생은 인원과 상관없이 모두 선발하는 것이 이상적이지요. 하지만 대학은 정원이 있어요. 정원만큼만 뽑아야 해요.(초과 선발을 하면 규제가 있어요) 교육할 수 있는 자원이 정해져 있어요. 강의실도 교원수도 정해져 있으니 수용할 수 있는 인원이 정해져 있습니다. 게다가 중학교, 고등학교처럼 진학하는데 지역 한계를 두지 않지요. 제주도에서도 공부를 잘하면 서울에 있는 대학 진학을 선택하는 일이 대부분이잖아요. 왜냐하면 대학의 순위가 존재하니까요. 결국 인구가 아무리 줄어들어도 다수가 선호하는 대학은 무조건 상대평가를 해야 학생선발이 가능해요.

그럼 합격, 불합격만 가리면 되지 않겠냐고요? 합격자들이 모두 등록한다면 맞는 말이에요. 하지만 선택의 자유를 보장하기 위해 여러 대학에 중복지원이 가능하고 여러 대학 합격자가 생기니 그 빈자리를 충원 합격자가 채우잖아요. 결국 예비순위자라는 이름으로 입학사정을 하는 모든 인원에게 순위를 매겨야 해요. 대학은 어쩔 수 없이 지원한 모든 아이들의 순위를 정확히 매길 수밖에 없어요.

그런데 이 순위를 매기는 학생부 자료가 조금씩 절대평가로 바뀌어 가고 있어요. 절대평가는 순위를 매기기엔 참 곤란한 평가방법이지요. 그래서 유불리가 존재할 수밖에 없어요. 이렇게 절대평가가 대부분의 과목에서 이뤄진다면 A가 목표가 아니라 무조건 백점을 받아야할 수 있어요. 이미 학생부 교과전형에서 진로 선택과목을 원점수로 평가하는 대학이 있는 것을 보면 충분히 실현될 가능성이 있는 이야기입니다. 또 절대평가를 한다 해도 점수만 표기되는 게 아니에요. 전체 수강인원, 등급별 인원 평균 등의 숫자를 제공할 예정이거든요. 대학에서는 등수를 매겨야하니 나름의 환산 방법을 만들 것이고 결국은 아무리 A를 받았다 해도 내 점수가 어떻게 변환이 될지 모르니 무조건 100점을 받아야 마음이 편할 수 있어요. 현재 등급제에서는 내 점수와는 상관없이 상위 4%안에만 들면 1등급이지만 어떻게 환산될지 미리 예측할 수 없고 대학마다 방법이 다르니 이제 만점을 받으려고 노력하는 분위기가 될 수 있다는 거지요.

　수능도 비슷해지지 않을까요? 전면적으로 모든 과목의 절대평가를 시작한다면 표준편차, 수강인원, 등급별 인원, 평균을 활용해 점수를 환산할 것 같아요. 지금도 교육과정평가원에서는 수능채점이 끝나면 이 숫자를 공개하고 있거든요. 그래도 지원자의 순위가 가려지지 않으면 동점자 처리기준을 활용하겠지요. 최상위권 학생이 몰려오는 의대 입시는 이미 정시에서 비슷한 상황이 생겨요. 대부분 한 두 문제 틀리는 아이들이에요. 그래서 틀린 문제가 어느 과목인지에 따라 등수가 갈려요. 그런데 워낙 우수한 아이들이니 반영비율이 가장 낮은 과목의 문제를 한 개만 틀린 아이가 여러 명 있어요. 그래서 동점자 처리기준이 당락을 가르는 중요한 잣대가 되는 거에요. 상대평가인 지금도 이런 현상이 비일비재한데 수능도, 학생부도 절대평가가 되면 대학은 학생선발을 위해 등수를 매길 때의 방법을 다시 연구할 수밖에 없어요.

POINT

고교학점제를 시행하고 절대평가로 바뀐다 해도 대입에서는 상대평가를 해야 입학생을 선발할 수 있다. 공부를 잘 해야한다는 사실이 변하지 않는다.

EBS 수능연계율도 바뀐다는데?

정시 선발비율이 높아질 것이라 예상되면서 EBS교재에 대한 관심이 높아지고 있어요. EBS교재에서 실제 수능문제를 내는 비율이 정해져 있는데, 이것을 수능연계율이라고 해요. 그런데 이 수능연계율이 2022학년도 수능부터 낮아지고 간접연계로 바뀐다고 해요. 이런 이야기가 들리면 많이 불안해질 수밖에 없어요.

연계는 직접연계, 간접연계 두 종류가 있어요. 전자는 EBS교재에서 문제를 똑같이 낸다는 의미입니다. 후자는 개념을 활용해 응용문제를 낸다는 것이지요. 간접이든 직접이든 연계율은 정해져 있어요.

2010년부터 2021년 수능까지는 연계율이 직접연계율 70%까지였어요. 2022학년도부터는 간접연계율 50%로 변경되었어요. 그럼 어떤 교재에서 연계가 될까요?

2015학년도 수능까지는 N제 시리즈, 인터넷수능, 고교영어듣기 등등 연계교재가 굉장히 많았는데요. 점차 줄어들면서 지금은 수능특강, 수능완성 두 종류로만 연계되고 있어요. 참고로 교육과정평가원(www.kice.re.kr)페이지에 들어가면 연계교재가 자세히 나와 있고 EBS(www.ebs.co.kr)사이트에 들어가면 교재 PDF를 무료로 다운받을 수 있게 되어 있어요. 전자기기가 있다면 인쇄하지 않고 바로 다운 받아 공부할 수 있습니다. 강의도 공공기관이니 EBS사이트와 강남구청 인터넷방송과 함께 무료로 볼 수 있게 되어있습니다. 자기주도학습 훈련이 잘 되어있는 아이라면 충분히 공짜로 수능공부가 가능합니다.

이런 상황에서 특히 영어영역을 간접연계로 바꾼다고 하니 다들 충격이 커요. 하지만 잘 생각해보면 큰 변화가 일어나지는 않을 것 같아요. 어차피 수능시험은 범위가 있는 시험이에요. 개념을 활용해 응용문제를 낸다면 당연히 수능시험공부를 위해 만든 교재와 연계가 될 수밖에 없겠지요. 간접연계율로 따지면 EBS뿐 아니라 모든 수능

교재가 연계율이 100%가 되는 거지요. 수능시험범위가 아닌 곳에서 수능교재를 만들 리가 없으니까요. 게다가 사전지식이 전혀 없이 EBS로만 다짜고짜 시험준비를 하는 학생은 많지 않아요. 기초강의는 고등학교 수업을 말하는 건데 고등학교에서 수업을 아예 안듣고 EBS만으로 공부를 하는 건 말도 안되는 일이지요. 특히 영어과목에서 직접연계의 부작용(EBS의 예문을 모두 외워 시험을 보는 것)이 심했다고 하는데요, 그런 논리라면 모든 학생이 영어과목 100점을 맞아야하는데 그렇진 않아요. 결국 중상위권에서는 EBS의 모든 예문을 하나도 빼지 않고 다 외워 1등급을 받았다기보다는 공부를 해서 문제를 풀어 1등급, 2등급을 받았을 거예요.

보통 시험 준비는 기본개념을 숙지한 후 기출문제를 공부하잖아요. 그리고 모의고사도 보고요. 어차피 기출문제는 다음 해에도 똑같이 나오지 않는데 왜 볼까요? 시험의 난이도를 직접 가늠하기 위해 풀어보는 거지요. 모의고사는 간접연계인 거지요. 그냥 원래 공부하던대로 공부하면 되는 거지요. 수업시간에 공부 열심히 하고 수능 기출문제를 풀며 공부하는 거지요. 그리고 간접연계인 EBS교재를 풀어보면 됩니다. 완전히 똑같이 나왔던 문제를 줄인다는 의미일 뿐입니다.

그리고 연계율은 결론적으로 나오는 숫자예요. 어떻게 해석하느냐에 따라 연계율이 달라지는 거예요. '이제 EBS는 볼 필요 없네' 라고 생각하지 마세요. 아이가 원래 하던 방식대로 그냥 공부하도록 도와주세요. 수능시험은 애초부터 시험범위가 정해져있는 시험이고 EBS는 어차피 공부해야 할 교재라고 생각해 주세요.

POINT

대학수학능력시험은 범위가 정해진 시험이다. EBS교재를 참고자료로 활용하는 것은 똑같다. 손해가 막심할 일도 불안할 일도 없다.

수능시험이 논서술형으로 바뀐다는데?

2021학년도 현재 초등학교 6학년부터 입시에 큰 변화가 일어날 거예요. 수능의 논서술형 도입과 외고/자사고도 폐지가 거의 확실시 되고 있거든요. 조금씩 구체화되어 가고 있어요.

외고/자사고 폐지는 고교평준화를 의미해요. 절대평가와 연결되는 거지요. 중학교가 자유학기제와 절대평가로 점철된 것과 맥락을 같이 합니다. 현재 초등학교 6학년 아이들이 고등학교에 입학하면 늘 절대평가를 받던 아이들이니 진로선택과목에 대한 이해가 일반적으로 되어있겠지요. 아이들뿐이겠어요? 일선 학교나 학부모들도 절대평가에 대한 사회적인 동의, 이해가 꽤 되어있을 것으로 예상돼요.

대부분의 과목이 절대평가가 될 것 같은데요, 그때 되면 진짜 한반에 열댓 명, 많아야 스무 명 정도 될 것으로 예상되니까 절대평가가 더 맞는 방법일 수 있어요. 그러니까 아이들이 본인의 객관적인 위치를 잘 모르는 상태에서 수능까지 보게 될 가능성이 높아요. 고등학교 3학년이 되어 수능 모의고사를 보면 심적인 충격을 많이 받겠지요.

그런데 때맞춰 수능은 논서술형으로 바뀔 예정이에요. 어떻게, 어떤 기준으로 채점할지는 아직 아무도 모릅니다. 첫 세대니까 더욱 무섭고 혼란스럽겠지요. 물론 교육과정평가원에서 모의고사를 시행하겠지만 실전과 모의고사가 난이도와 채점기준이 완전히 일치할 순 없으니 자리잡는데는 시간이 걸릴 수밖에 없습니다. 대학에서는 한정된 인원을 선발하니 절대평가를 가지고는 선발이 불가능합니다. 그러니 아이들은 고등학교에서의 내신 평가방법과는 상관없이 절대평가로 점철된 학생부, 수능 논서술형으로 등수가 매겨지고 대학에 입학을 하게 되지요. 여기까지 읽으며 많이 불안하실 거예요.

하지만 얼마나 많이 변할까 구체적으로 가늠해보면 조금은 안심이 될 거예요. 현재 수능시험에 수학과목은 주관식 문제가 있어요. 실제로 답안을 기재하는 방식을 살펴보면 엄밀히 얘기해 주관식은 아니에요. 문제를 풀고 OMR카드에 숫자를 색칠하는 방식이거든요.

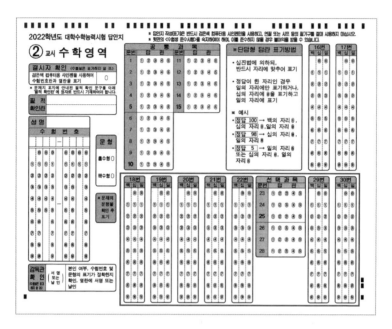

2022학년도 수능 수학영역 답안 예시(18~22번, 29~30번 단답형 문제의 답안지)

형식이 딱 정해져있고 답이 딱 떨어지니 변수가 많지 않아요. 심지어 찍신이 들렸다며 주관식(단답형)도 찍어서 맞추는 사례도 인터넷에서 심심치 않게 볼 수 있어요. 찍어서 정답을 맞추는 학생을 없애려고 만든 시험이지만 잘 찍는 아이가 존재하는 거지요.

하지만 이 방법이 현재로선 대규모 주관식 채점에서는 최선이니 어쩔 수 없어요. 실제로 사람이 채점을 하게 되면 시간이 들어가고 보안 문제, 정확도의 문제가 생길 여지가 많으니 이렇게 기계로 채점이 가능한 주관식 시험(단답형)만 진행하는 거지요. 주관식도 상황이 이런데, 논서술형 문제는 굉장한 변화를 불러 올 수 있어요.

논서술형은 실제 문제 푸는 과정을 보겠다는 의미로 해석되는데요. 문제는 현재 객관식 수능문제와 달라지지 않을 것 같아요. 답안을 작성하는 방법만 바뀌는 거라고 보면 됩니다. 그리고 정답 시비가 붙지 않으려면 더 한정된 범위에서 한 가지 정답만 가능한 문제를 출제할 수밖에 없을 거예요.

보통 논서술형 수능시험 준비를 위해 독서를 많이 시켜야겠다라는 생각을 많이 하는데요, 독서는 인생에 도움이 되는 활동이 맞지만 논서술형 시험 준비에는 크게 도움이 될 것 같진 않아요.

아마도 논서술형이라니 막연히 자유롭고 창의적으로 글을 써야하는 시험이라고 생각하는 거겠지요. 하지만 자유롭고 창의적으로 정답을 쓰는 문제로는 절대적인 정답이 있기가 어렵습니다. 이는 점수를 매길 수가 없다는 의미고 등수도 매길 수 없지요. 결국 아무래도 현재 대학의 논술고사와 비슷한 형식이 되지 않을까 예상이 됩니다. 논술고사는 원래 고등학교에서 배운 것, 즉 수능 정도 수준의 문제를 풀이 과정까지 보고 평가하자는 의도로 만들어진 시험이거든요.

현재 대학에서 진행하는 논술고사 문제를 잘 살펴보면 자유롭고 창의적으로 글을 쓸 수 없게 되어 있어요. 범위가 아주 한정되어 있어요. 그래서 출제자의 의도를 파악하는 게 굉장히 중요해요. 아예 예시 문제 공개할 때 출제자의 의도를 제일 앞에 넣습니다. 심지어 사회적 이슈에 대해 본인과 의견이 달라도 출제자에 의도에 맞춰 정답을 써야하는 경우까지도 생깁니다. 왜냐하면 표준화하여 모든 학생들을 같은 기준에서 평가를 받도록 해야 하니까요. 조금 삐딱하지만 창의적이고 새로운 의견을 내는 일은 아주 완벽하지 않는 이상 점수를 받기 쉽지 않아요. 현실적으로 고등학생이 새로운 이론을 채점위원(보통 박사학위자들이지요) 보다 더 잘 알아서 한정된 시간동안에 조리 있게 설명하는 건 거의 불가능하지요.

현재 논술고사는 두 명 이상의 채점위원이 모든 응시자의 답안을 채점해요. 채점기준 표준화가 되어 있는 상태에서 채점을 진행하니 출제위원의 의도에 맞게 정답을 쓴 학생이 점수를 잘 받을 수밖에 없습니다. 이건 사람이 채점했을 때를 가정한 거예요. 그런데 2028학년도 수능을 볼 때쯤이면 AI채점 시스템이 도입될 수 있어요. AI가 과연 창의적이고 새로운 이론에 점수를 더 줄까요? 결국 더욱 표준화된 답안만 정답으로 인정할텐데 지금의 논술고사보다도 더욱 범위가 한정된 정답이 존재하는 문제만 출제될 가능성이 높지요.

그렇다면 그 준비는 어떻게 하면 될까요?

국어와 영어, 사회탐구는 짧은 글을 읽고 요약하는 연습, 요점정리를 하는 연습을 하면 어떨까 싶어요. 입력 연습도 중요하지만 출력 연습이 시험에서는 더 효과적이거든요. 물론 출력의 원천은 입력이니 입력도 꾸준히 해야지요. 무엇보다 목표가 명확한 입력작업을 해주시면 더 효과적이겠지요. 수학은 그냥 수학문제 잘 풀면 되는 거예요. 공부법도 바뀔 필요가 없어요. 그리고 글자 쓰는 연습을 하도록 도와주면 좋겠어요. 요즘 학생들이 생각보다 악필이에요. 아주 어릴 때부터 컴퓨터로 글을 쓰는데 익숙해서 직접 글을 쓰는 힘이 부족한 경우가 많아요. 예쁘고 깔끔하게 쓰면 점수를 더 받는다기보다는 채점위원이 쉽게 읽을 수 있어야 채점하는데도 시간이 덜 걸릴 거예요. 그리고 AI가 내 아이의 글자를 어떻게 읽을까 상상해 봐도 좋고요. 미래에는 토플 CBT처럼 각자의 컴퓨터에서 시험을 볼 수 있다면 이 역시 달라질 이야기지만요.

설명을 들으니 마음이 조금은 놓이지요? 미리부터 불안해하지 않아도 됩니다. 쓰나미 같은 변화가 오진 않을 것 같아요. 무엇보다 수능 논서술형이 도입하면서부터 출제위원이 모두 교체 되거나 그럴 일은 절대 없을 같아요. 오히려 안정적인 난이도 유지를 위해 출제위원을 그대로 유지할 가능성이 높지요. 문제만 놓고 봤을 땐, 수능 객관식 문제와 논서술형 문제도 다를 바가 없을 가능성이 높습니다. 그냥 푸는 과정을 보여주는 것 뿐이라고 생각하면 돼요.

POINT

2028학년도부터 도입되는 수능 논서술형 시험으로 실제 수험생에게 달라지는 것은 없다. 그냥 하던대로 하면 된다.

학생부 기재사항, 수능시험 변화는?

2021학년도 현재 고등학생도 변화의 중심에 있습니다. 학생부의 기재사항, 대학 제공항목이 많이 바뀌지요. 2015교육과정의 영향이 본격적으로 나타나겠지요. 문·이과 통합으로 인문, 자연 가리지 않고 원하는 과목을 섞어들을 수 있도록 했어요. 진로 선택과목이 본격적으로 운영되지요. 2021학년도부터 해당과목은 절대평가를 해요. 2022학년도 수학능력시험에는 국어, 수학에 선택 과목이 생겨요. 게다가 2021학년도부터 서류 블라인드 평가가 시작되었어요. 그리고 서울대학교에서 2023학년도 정시부터는 교과평가를 포함하고, 교과 기준을 추가하겠다고 했지요. 자기소개서도 4개 항목에서 3개 항목으로 줄었고 그마저도 조만간 아예 폐지될 예정이에요. 코로나의 영향으로 면접의 영향력도 많이 줄어들 거 같고요.

변화를 하나씩 살펴볼까요? 학생부의 기재사항, 대학 제공항목이 많이 축소되지만 기존의 교과발달상황, 세부특기사항 등은 그대로 제공됩니다. 동아리도 창의적 체험활동에 기재 가능한 동아리만 활동이 가능하다고 해요. 기존에도 웬만한 고등학교는 자율동아리도 담당 교사를 중심으로 운영되는 경우가 대부분이었지요. 이젠 자율동아리 활동은 대학에 제공되지 않아요. 독서활동이나 봉사활동도 기재가 제한되는데요, 이에 대해 말이 많지만 이런 활동이 중상위권 학생들에게는 당락을 좌우하는 아주 핵심적인 잣대는 아니었어요. 크게 동요하지 않아도 돼요. 진로 선택과목은 어떨까요? 현재 고등학생은 1개~2개 과목정도 이수를 할 것으로 예상돼요. 실제 교육현장은 어떻게 바뀔까 의견이 분분했었는데, 자연계 쏠림 현상이 계속되다 보니 문·이과를 분리하여 교육하던 시절과 달라진 것은 거의 없다고 해요. 다만 인문계 아이들의 수학성적의 불리함이 생겼지만 대부분 수학을 잘하는 학생은 자연계 학과를 선택할 듯하니 이 역시 유불리가 뚜렷하게 생길 것 같진 않아요.

수학능력시험에 선택과목이 생긴 것은 범위가 조금 더 줄어든 것이라 생각하면 됩니다. 오히려 학습의 부담이 줄은 거지요. 수능에서는 선택 과목별로 유불리가 일어나지 않도록 최대한 보완하여 표준점수를 환산한다고 하지만, 인문계열 학생들이 수학에서 불리할 것은 예상됩니다. 하지만 대학에서는 여전히 인문·자연계열을 나누어 학생을 선발하니 실제 입시에선 크게 영향을 끼치진 않을 것 같아요.

이렇게 하나하나 살펴보면 정말 달라진 게 없어요. 그 이유는 고등학교 교육만 변했지, 대학에서 학생을 선발하는 기본 틀은 전혀 변치 않았기 때문이지요. 고등학교에서는 인문·자연계열을 통합하여 교육하고 절대평가로 조금씩 전환하고 있지만 대학은 여전히 인문계열, 자연계열을 분리해 학생을 선발하고 상대평가로 등수를 매겨요. 그러니 결론은 공부를 잘하는 학생이 유리한 거예요. 크게 변하는 것은 없다는 것 잊지 마세요.

POINT

현재 고등학생이라면 학생부기재 요령이 바뀌고 수학능력시험 제도가 바뀌었데도 수험생 본인에게 크게 변하는 것은 없다. 특히 중상위권은 공부를 잘하면 된다.

입시에 유리한 선택과목?

문·이과가 통합되고 선택과목의 폭이 점차 넓어지는 방향으로 고등학교 교육이 바뀌고 있어요. 그래서 학년이 바뀌기 전 과목 선택에 대한 질문이 많아요. 점수받기 어려운 과목, 특히 진로 선택과목의 선택에 대해 질문이 많아요. 주로 받는 질문은 '진학하려는 학과와 연관 지어 과목을 선택하고 성적을 못 받는 것과 진로와는 상관없지만 조금 쉬운 과목을 선택해 성적을 잘 받는 것 중 입시에 유리한 것은 무엇인가'입니다.

이런 질문 전에 미리 알아보면 좋은 정보가 있어요. 그 과목이 그렇게 좋은 성적을 받기가 어려운 과목인지 미리 알아보는 거지요. 학부모 모임이나 온라인에서 얻은 정보는 거짓말일 리는 없지만 말하는 사람의 기준이 섞여있는 정보에요. 남의 눈높이로 편집된 부정확한 정보만 믿고 우리 아이에게 굉장히 큰 결정을 함부로 하는 것보단 정확한 수치를 보면서 우리 아이에게 맞춰서 선택해 볼 수 있는 기회를 가져보세요.

학교알리미(www.schoolinfo.go.kr) 사이트에 들어가서 아이가 재학 중인 고등학교에서의 성적비율을 확인해 보세요. 공시정보에서 연도를 선택하고 〈학업성취사항〉교과별 학업성취 사항을 검색하면 되는데요. 공시년월을 4월로 맞춰야 두 학기 자료까지 볼 수 있어요. 다운로드가 가능하니 파일로 내려 받아 찬찬히 살펴보세요. 이 숫자만으로 무엇을 알 수 있을까요?

평균, 표준편차, 성취도별 학생 분포를 찾아보세요. 평균과 표준편차만으로도 해당 과목의 난이도를 예상할 수 있지만 성취도별 학생 분포를 보면 더 정확히 알 수 있어요. 평균점수가 낮은 경우는 시험의 난이도가 높거나 학생들의 학업수준이 떨어진다는 의미예요. 표준편차가 크다면 상위권 학생과 하위권 학생의 점수 차가 크고 표준편차가 작다면 상위권, 하위권 학생의 점수 차가 작다는 의미예요. 여기서

성취도별 분포 비율을 함께 봐야 해요. A를 받은 학생비율과 E를 받은 학생비율이 보입니다.

원래 성적분포의 설계	경쟁이 치열한 학교
A · · · · E	A · · · · E

　원래 평가는 다이아몬드로 설계돼요. 상위권과 하위권이 작고 중간층이 많아야 맞아요. 그런데 현실 고등학교 성적 분포는 역삼각이거나 모래시계모형이 많아요. 역삼각형은 잘하는 학생이 위에 몰려있어 경쟁이 아주 치열한교라는 의미지요. 이런 곳은 시험문제 난이도가 꽤 높아요. 왜냐하면 만점이 4%이상이 나오면 1등급이 아예 없게 되니 1등급을 받을 수 있는 학생에게 불이익이 가는 거지요. (학교알리미에는 성취도만 나오지만 실제 학생들은 등급으로 표기됩니다)

　경쟁이 왜 점점 치열해지는지 설명을 하면요, 예를 들어 확률과 통계를 듣는 수강생이 40명이에요. 40명의 4%는 한 명이니 1등급은 1등한 명이에요. 그런데 만점이 두 명 이상 나오면 이 둘 모두 2등급이 되는 거예요. 얼마나 억울한 일이에요. 그래서 경쟁이 치열한 고등학교에서는 변별을 위해 어쩔 수 없이 문제를 어렵게 냅니다. 그러면 아이들은 또 1등급을 받으려고 열심히 공부하고, 그럼 또 변별이 안되니 다음 시험은 더 어렵게 내는 거지요. 모래시계모형은 상위권 학생들은 경쟁이 치열하지만 하위권 학생도 꽤 많은 학교라는 반증이에요. 종합고(일반, 특성화가 같이 있는 소규모 학교), 혁신학교의 경우 이런 모양이 나타나요. 이런 현실에서 다이아몬드 모양으로 분포가 나온다면 교사가 문제 난이도 조절을 잘한 거지요.

그래서 표준편차나 평균만 가지고 보기보다는 성취도별 분포비율도 보면 좋아요. 특히 E나 D를 받는 학생 비율을 눈여겨보면 이 학교가 얼마나 경쟁이 치열한가, 과목별로 난이도 조정을 어떻게 하는 지도 대략적으로 알 수 있어요.

물론 이 역시 결과일 뿐이라 참고자료로만 봐야 해요. 아무리 교사가 바뀐다 해도 혁신적으로 바뀌긴 어렵겠지만, 실제 시험에 응시하는 학생은 달라지니까요. 그리고 이미 공개된 정보를 모두 가지고 있으니 더 진화를 할 수 밖에 없으니까요.

과목별로 어떻게 다른지 꼼꼼하게 봤다면 우리 아이에게 유리한 것이 어떤 과목일지도 미리 예상해 보세요. 예를 들면 우리 아이는 수학은 난이도가 높을수록 유리하지만 과학은 난이도가 낮아야 A를 받을 수 있어요. 그럼 과목별로 점수를 보고 아이의 선택과목을 미리 생각해 볼 수 있는 거예요. 물론 경쟁이 치열한 지역에서는 다음 년도, 다음 학기에는 더욱 난이도가 올라갈 가능성이 높다는 것도 고려해야겠지요.

이렇게 숫자까지 모두 확인한 후 아이와 충분히 대화를 나눠 본 후 선택과목을 결정하세요. 남의 이야기 소문만으로 점수를 잘 받을 수 있을 것 같은 과목, 전공 적합성에 맞을 것 같은 과목을 선택하는 것은 후회할 확률이 높아요.

○ ○

POINT

좋은 성적을 받기 어렵다, 쉽다 정도를 남에게 들은 정보만으로 정하지 말고, 학교알리미에서 그간의 성적분포를 먼저 확인하자. 객관적인 자료를 가지고 아이와 충분히 고민 후 결정하자

진로 선택과목에 대한 대학의 평가는?

　진로 선택과목은 2021학년도부터 학생부에 절대평가로 표기되지요. 중학교 때와 같은 방식이지만 점수가 더 후해요. 80점이 넘으면 A, 60점이 넘으면 B, 나머지는 모두 C입니다. 대부분 3학년에서 이수하게 되어 있고요, 자연계열의 탐구II과목(물리II, 화학II, 생명과학II, 지구과학II)은 모두 진로 선택과목입니다. 경쟁이 과도해진 요즘, 특히 고3들에게 숨 쉴 구멍을 줄 수 있겠구나 생각할 수 있는데요. 문·이과 통합인데, 굳이 점수받기 어려운 과학 두 과목을 선택해야 할까요? 이에 대한 답은 대부분 중상위권 대학에서 수시전형별로 어떻게 반영이 되는지 알면 이해가 빠를 거예요. 학생부교과전형은 정량평가(계산식이 명확히 있는 평가)라서 진로 선택과목 점수 환산에 대해 아직 명확히 자리를 잡진 않았습니다. 일단 2022학년도에는 진로 선택과목을 반영을 하는 대학, 하지 않는 대학이 있는데 중상위권 대학은 대부분 반영합니다. 반영하는 대학도 현재는 A는 1등급 점수, B는 2등급 점수 이런 식으로 반영되는 경우가 대부분입니다. 하지만 일부 대학은 수강인원, 표준편차를 활용해 상대평가처럼 만들어 반영하는 경우도 있고 종합적으로 정성평가를 하는 경우도 있어요. 아직 자리를 잡지 않은 평가방법이라 당분간 대학별 평가방법이 해마다 바뀔 거예요.

반영하지 않는 경우가 진로 선택과목을 설계했던 의도대로 대학도 평가에 포함하지 않는 건데요. 이 방법은 오래 가진 못할 거예요. 대학은 순위를 매겨서 등수대로 학생을 선발해야 해요. 모두 다 잘한다고 지원자 모두를 선발할 수가 없으니 무조건 상대평가를 해야 하는 것이 대학입학시험이에요. 평가에 반영을 하지 않는 것은 절대평가 과목이 늘어나면 할 수 없는 방법이니 두 번째, 세 번째 방법 중 대학별로 맞는 방법을 찾겠지요.

두 번째 방법은 상대평가 할 때와 비슷한 방법을 활용하는 것이고 세 번째 방법은 학생부종합전형과 비슷한 방법을 활용하는 거에요.

두 번째 방법으로 평가한다면 진로 선택과목을 선택할 때 어떤 과목을 선택해도 기존 등급제로 평가하는 것과 별반 차이 나지 않게 평가를 받을 거예요.

학생부종합전형은 어떨까요. 원래도 정성으로 평가를 했으니 변하는 게 없겠지요. 당연히 수강인원이나 표준편차 살필 것이고 면접에서도 질문을 할 거예요. 논술전형은 학생부의 실질반영비율이 아주 미미해서 별도로 평가방법을 만들진 않고 학생부교과전형 환산방식을 가져와서 평가를 합니다. 그러니 기존과 비슷하겠지요.

수능도 마찬가지예요. 일단 중상위권 대학의 자연계열 학과 지원을 위해서는 과탐만 응시해야하는 경우가 거의 대부분입니다. 그렇다고 과탐의 II과목(물리II, 화학II, 생명과학II, 지구과학II)에 가산점을 주거나 의무적으로 응시해야하는 대학은 별로 없어요. 서울대 정도만 무조건 탐구과목 중 1개는 II과목을 들어야해요. 최상위권에서나 대부분 II과목을 응시합니다. 중상위권은 대부분 과탐 I 중 두 과목을 선택할 거고요, 그동안은 지구과학+생명과학의 조합이 많았는데 학생부종합전형이 일반화되면서 물리와 화학을 선택하는 비중이 높아지고 있어요. 자연계에서는 물리를 선택하는 것이 진로와 연계하는데 유리하지만 공부하기가 쉽지 않으니까요. 그래서 요즘 자연계열 학생은 대부분 화학Ⅰ, 생명과학Ⅰ의 조합을 많이 선택해요.

특히 요즘은 자연계열 쏠림현상이 있어서 수학이나 물리에 크게 흥미도 소질도 없는 학생이라도 성적이 좋으니 자연계를 선택하는 경우가 늘었어요. 그러니 자연스럽게 물리를 듣기보다는 조금 더 문과 성향이 짙은 생명과학과 지구과학 쪽으로 학생이 몰렸던 것 같아요. 그런데 학생부종합전형의 영향으로 진로에 비교적 도움이 되는 화학 선택자가 늘어가는 거지요.

현실에서 내신 선택과목과 수능 선택과목을 따로 가져 가는 게 쉽지 않잖아요. 특히 내신은 늘 시험이 있으니까 (중간, 기말, 수행까지) 내신 선택과목과 수능 선택과목을 달리 가져가면 시간이 두 배로 필요합니다. 그러니 대부분 중상위권 아이들은 내신과 수능 선택과목을 같이 가져갑니다. 보통 수능에서는 생명과학Ⅰ, 화학Ⅰ을 선택하고 내신에서는 3학년 선택과목은 생명과학Ⅱ나 화학Ⅱ를 선택하거든요.

그런데 진로 선택과목이라며 Ⅱ과목이 모두 절대평가로 바뀌었어요. 그렇다고 내신에서 Ⅱ과목을 선택하는 아이들이 많아질까요?

글쎄요. 수능에서 생명과학Ⅰ, 지구과학Ⅰ을 선택해 공부하는 학생이 학생부종합전형에서 좋은 인상을 주고 싶다는 욕심에 물리Ⅱ를 선택하면 어떻게 될까요? '80점 이상만 받아 A를 받으면 되겠지'라고 생각하고 섣불리 선택했다가는 수시에선 오히려 불리해질 수 있고요. 정시에서 다른 과목 선택하느라 이중으로 공부시간을 뺏기는 일이 생길 수 있을 거예요. 보이는 형태가 달라질 뿐, 실제 교육현장은 크게 바뀌진 않았거든요. 그냥 상대평가라면 어떻게 선택했을까 생각하고 고르면 좋겠습니다.

POINT

진로 선택과목은 절대평가로 바뀌었다고 다른 기준으로 선택할 필요는 없다. 기존 상대평가일 때와 똑같은 기준으로 선택하면 된다.

고등학교 선택에 대해

고등학교를 선택하는 시기에 '좋은 학교'에 대한 정의에 대해 많은 이야기를 하지요. 대학 잘 보내는 학교, 내신 잘 받을 수 있는 학교, 분위기가 좋은 학교 등 많은 정의가 있어요. 이 중에서 가장 좋은 것은 아이가 원하는 학교에 가는 거예요. 그러려면 아이의 생각이 있어야겠지요. 아이가 생각을 하고 선택을 하려면 정보가 있어야 하고요.

아이가 무슨 생각을 하는지 꼭 대화를 해보세요. 어떤 정보를 선택한 것인지도 꼭 확인하시고요. 엄마가 옳다고 생각하는걸 아이의 의지에 반해 선택하게 했다가 아이와 사이가 틀어지는 경우를 많이 봤어요. 중상위권의 아이라면 고등학교에 가서 갑자기 상대평가를 받으고 심적으로 충격을 받는 시기가 있어요.(특히 1학년 1학기 중간고사 직후 그런 경우가 많아요) 그 충격이 생각보다 오래 갈 수 있어요. 그리고 엄마의 제안으로 선택한 학교라면 엄마 탓을 하면 책임을 지지 않아도 된다는 생각으로 이어져서 공부를 포기해버리는 경우도 종종 있습니다.

하지만 그렇다고 아이가 가고 싶다는 학교(보통 친구따라 선택하지요)를 그냥 가도록 내버려두라는 의미는 아니에요. 일단 정확한 사실, 정보를 아이에게 알려주신 후에 선택하라고 하면 좋겠어요. 엄마의 의견도 알려주고 아이의 선택의 이유도 들어보고 어떤 일이 일어날지에 대해 충분히 예상해 본 후 결정하는 거지요.

대학진학을 목표로 하는 일반적인 경우 특목고, 자사고, 일반고에 진학합니다. 특목고 중에서도 영재고, 과학고는 수도권에선 지역적으로도 편중되어 있고 입학시험이 달라서 미리 준비하는 아이들이 많아요. 심지어 초등학교부터 준비를 하는 아이들도 있고 혹은 원래 과학·수학을 남달리 잘하는 이이들일 경우가 많아요. 중상위권을 대상으로 하는 이 책을 읽고 있진 않을 것 같아요. 그러니 자세히 언급하지 않겠습니다.

인문계열이라면 외국어고, 국제고, 자립형사립고, 일반고 등을 생각하죠? 외고는 원래 과학고처럼 인문계열에서 뛰어난 아이들이 가는 특목고예요. 자립형사립고가 생기면서 고객층을 나눠먹기 시작했어요. 왜냐하면 외국어고등학교의 취지에 맞게 외국어 공부에 시간(단위수)을 많이 할애해서 공부하는 과정은 어려운데 상위권 학과를 가는데 도움이 되지 않았으니까요. 한때는 워낙 우수한 아이들이 많이 입학해 의대를 가는 경우도 흔했어요. 하지만 학종이 생기면서 그 길이 막히고 인기가 많이 떨어졌죠.

오히려 일반고와 교육과정이 흡사하면서도 상위권 학과를 진학하는데 도움이 되는 자립형사립고가 생기면서 우수한 아이들이 자사고로 몰리기 시작했어요. 사실 과학고는 과학에 특화된 국립대학 학부과정이 존재하니 수능공부를 굳이 하지 않아도 전공을 살려 자연스럽게 공부를 이어갈 수 있어요. 반면 외국어고, 국제고는 일반대학교에 입학을 해야 합니다. 그래서 학교의 특성을 살리지 못하고 수능공부와 학과공부를 병행해야 하거든요.

외고는 이래저래 취지에 맞지 않아 엄청난 비난을 받다가 곧 폐지수순을 밟는 것이 예정되어 있어요. 2021학년도에는 미달인 외고도 꽤 있었답니다. 하지만 일부 학과에서는 학생부종합전형에서 유리한 것은 사실이에요. 특히 블라인드 서류 평가 도입으로 합격률은 앞으로 더욱 높아질 것 같아요. 교육과정이 일반고와 확연하게 차이가 나서 전공 적합성에 유리하거든요. 인문계열, 특히 어문계열을 생각하는 아이라면 외고 진학도 괜찮은 선택이에요.

일반고 선택으로 마음을 결정했다면 학교 선택에 조금 더 신중해 주세요. 보통 전년도 대학입학 입시결과를 보면서 학교를 지원하잖아요. 전년도 입시결과가 아이의 고입에선 최신 정보이긴 하지만 우리 아이가 대학을 가려면 아직 3년이나 남았어요. 결국 아이에게 큰 도움이 되지 않을 수 있어요. 대입 결과 중에서도 학생부종합전형의 결과가 어떤지 정도만 확인하되 전교생 수가 많고 연도별로 부침 없이 비슷하게 합격률이 나오는 학교를 추천해요. 대입결과가 연도별로 부침이 있는 학교는 보통 전교생 숫자가 적은 경우에요. 고교성적은 상대평가이기 때문에 인원수가 적으면 적을수록 불리할 수밖에 없거든요. 그래서 해마다 입시결과가 들쑥날쑥인 경우가 많아요. 그리고 대입 결과가 좋으면 고등학교 입학 경쟁률이 치솟는 경우가 있지요. 특히 정원이 적은데 경쟁률이 높은 고등학교는 어찌 보면 위험한 선택이에요. 그 경쟁을 뚫고 고등학교에 입학했다면 내신 성적 받기가 어려울 수밖에 없잖아요. 대학에서는 이제 서류부터 블라인드를 하니까 해당 고등학교의 현재 상태를 아예 모르는 상태에서 평가를 합니다. 내신 공부하느라 힘들 텐데, 실제로는 득이 별로 없을 가능성이 높은 거지요.

사실 대입에서 내신 성적이 좋은 것이 여러 가지 면에서 유리합니다. 그러니 내신 성적을 잘 받을 수 있는 학교에 가는 게 좋은 선택이긴 하지만 내신 경쟁이 덜 한 학교는 학습 분위기가 잘 잡혀있지 않은 경우가 많죠. 그래서 그 기로에서 많이 고민하지요.

결국은 우리 아이의 성향을 잘 알고 있는 것이 중요해요. 주변 환경에 영향을 받는 아이인지, 아니면 분위기에 휩쓸리지 않고 혼자서도 충분히 공부를 잘 할 수 있는 아이인지 파악해 주세요. 물론 전자의 아이들이 압도적으로 많지요. 그래서 그렇게 내신 경쟁이 치열해도 우수한 아이들이 몰려드는 학교를 선호하는 거니까요.

하지만 우리 아이가 꼭 다수의 아이들과 같다는 보장이 없어요. 그리고 대입 결과만 볼 것이 아니라 앞 장에서 알려준 학교알리미(www.schoolinfo.or.kr) 사이트를 확인하고 그 학교의 주요 과목별 점수분포도 꼭 확인하면 좋겠어요.

무엇보다 마지막 결정은 아이가 하는 것도 중요해요. 아이가 엄마가 생각하는 사실에 반하는 이야기를 한다면 바로 포기하거나 억지로 권하지 말고 아이와 이야기를 해보세요. 무조건 고집을 부리게 두지 말고 이유를 물어봐 주세요. 그리고 엄마가 생각하기에 아이가 원하는 학교에 갔을 때 예상되는 문제점을 얘기해 주세요. 그 문제를 어떻게 해결할 지에 대해서도 구체적으로 해결방법을 물어봐 주세요. 당장 답을 아주 명쾌하게 주지 않더라도 그 답을 생각하는 과정에서 생각이 바뀔 수 있으니까요. 그리고 의외로 대견한 해결책을 가지고 있을 수도 있고요. 아이가 엄마의 생각을 그대로 따른다고 대답한데도 대화를 종료하실 필요는 없어요. 그 학교에 갔을 때의 문제점을 같이 이야기해보고 어떻게 헤쳐 나갈지 미리 계획을 세워보면 좋을 것 같아요.

앞으로 자연계 선발인원이 늘어난다는데?

불안한 이야기만 늘어놓았지만 희망적인 이야기도 있어요. 2022학년도부터는 자연계열 상위권 학생들이 선호하는 학과의 선발 인원이 많이 늘어나요. 그동안 편입으로만 선발했던 약대를 신입생부터 선발하는데 이 인원만 해도 1,500명이 넘습니다. 의대 지원을 목표로 오래 달려왔지만 조금 아쉬운 학생들이 그동안 전화기(전자, 화공, 기계)로 빠졌다면 그들 중에서도 화학공학을 선호했던 학생 대다수가 약대로 빠질 가능성이 높아요.

이 뿐이 아닙니다. 나라에서는 차세대 첨단분야 학과 신설을 허가

해 줬습니다. 기존에는 대학선발인원 총원 내에서만 학과 신설이 가능해서 다른 과의 인원을 조정하는 방식으로 신설학과를 만들었는데요, 2021학년도부터 다른 방법도 가능해져서 추가로 선발인원이 늘었어요. 발 빠른 대학들은 이미 2021학년도부터 신입생 선발을 시작했어요. 중앙대 AI학과, 한양대(서울) 심리뇌과학과가 그 중 하나입니다. 2021학년도 현재 200여명 정도 증가한 상태로 2022학년도에는 더 많은 대학에서 첨단학과를 신설해서 선발합니다.

2022학년도부터 한국전력공사에서 한국에너지공과대를 설립해서 400명을 선발해요. KAIST, GIST처럼 과학계 연구인력 양성을 목표로 전액 장학으로 운영된다고 하니 자연계 최상위권이 당연히 몰리겠지요.

상위권만 선발하니 중위권은 상관없는 것처럼 보일 수 있지만 그렇지 않아요. 대학입학은 도미노와 비슷해요. 상위권에서부터 자리를 채우고 빈자리를 성적순으로 채우는 방식이에요. 다시 말해서 상위권 학생들이 갈 곳이 많아지면 기존의 상위권 아이들이 채우던 빈자리를 그 다음 학생들이 채우는 거지요. 그러니 2022학번이 될 학생들 모두와 관련된 이야기입니다.

2022학번부터는 자연계열 웬만한 중상위권 대학들은 이런 영향을 받아 커트라인이 내려가겠지요. 가뜩이나 인구가 줄어서 커트라인이 내려가고 있는 중인데 선발인원 순증이 이렇게 많으니 그 기울기가 더 가팔라지겠지요.

그럼 인문계 학생에게는 불리할까요? 그렇지도 않아요. 이런 추세를 미리 알고 자연계로 진로를 결정하는 학생들이 많아지겠지요. 특히 우수한 학생들은 자연계로 몰리는 효과를 가져 오는 거예요. 인문, 자연 '어디든 상관없어'라고 생각하는 우수한 학생들이 대부분 자연계열을 선택할 것 같아요. 그리고 크게 무리가 없는 한 자연계열 학과를 선택하겠지요. 특히 상위권 아이들이 그런 선택을 많이 할 것으로 예상돼요. 그러니 상대적으로 인문계열의 경쟁이 완화되지 싶어요. 그리고 그 영향을 받아 자연계열 커트라인이 생각만큼 많이 떨어지지 않을 수도 있을 것 같아요. 특히 상위권 학생들은 생각만큼 커트라인이 떨어지지 않을 수 있어요.

자연계도, 인문계도 다 장단점이 있어요. 그러니 '자연계열 선발인원이 늘어난다니까, 가능하면 자연계열로 진로를 선택해야 하는 건가?'라고 생각하기 전에 아이의 성향을 먼저 살펴주세요. 어떤 쪽이 무조건 옳고, 그른 것, 유불리는 없어요. 그러니 아이의 성향과 선택, 소신이 중요해요.

POINT

자연계 선발인원이 늘어난다고 해서 자연계만 무조건 유리한 것은 아니다. 상대적으로 인문계열도 영향을 받게되니 유불리가 상쇄된다. 아이의 성향에 따라 계열을 선택하면 된다.

2

입시에서 절대 진리는 없어요

사교육업체의 입시컨설팅을 받는 게 좋은 것은 아니지만 무조건 나쁜 것도 아니에요. 문제는 무조건 맹신하거나 무조건 불신하는데서 생기지요. 결국 필요한 건 우리 아이에 대한 장단점을 파악하는 거예요. 정확히 우리 아이에게 무엇이 필요한지 알고 있는 거지요. 그렇다면 사교육에 넘겨준 주도권을 다시 찾아올 수 있어요. 정말 우리아이에게 필요한 정보를 얻기 위해 활용할 수 있어요

사교육? 무조건 나쁜 건 아니에요

가장 이상적인 것은 아이 스스로 본인의 미래를 일찌감치 창의적으로 설계하여 자기주도학습을 하면서 좋은 성적을 내는 것입니다. 그리고 본인에게 맞는 대학, 학과, 전형을 능동적으로 찾아 준비하고 합격하는 거지요. 하지만 현실 고등학교에선 이제 사교육을 받지 않는 학생을 찾아보기 힘들 정도가 되었지요.

특히 경쟁이 치열한 중상위권의 평범한 학생들은 학교 공부를 따라잡기도 벅찬 것이 요즘 고등학교에요. 그래서 중학교 때부터 선행학습을 하는 것이 당연한 듯 되어버렸지요. EBS 영어를 미리 다 완료하고 수학도, 과학도 고등학교 입학 전 몇 회독했는지 이야기하는 것이 아주 자연스러워졌어요. 그런 현실을 생각하면 사교육의 도움을 받는 것이 무조건 나쁜 일이니 하지 말라고 하는 건 현실과 정말 동떨어진 일이지요. 그래서 함부로 사교육을 반대하지 못해요. 다만 도움을 받는 것인지 의존하는 것인지 구별해야 해요.

도움과 의존의 차이가 무엇일까요? 도움은 범위를 한정해서 위임하는 것을 의미해요. 주도권을 아이와 부모가 가지고 있는 거지요. 주도권을 놓치는 순간, 결정권, 선택권은 없어집니다. 막대한 비용과 시간을 들였는데 결정권도 없어요. 그런데 책임은 아이와 부모가 전적으로 져야 합니다. 정말 불공정한 게임이라고 생각하지 않으세요?

위임과 의존의 차이는 이렇습니다. 어떤 부분을 남에게 맡기는 것인지 정확히 알고 있다면 위임이지만, 불안한 마음에 통째로 다 맡기는 것이 의존이지요. 어차피 똑같이 맡기는 건데 바쁜 세상에 다 알고 맡길 필요 없다고 생각할 수 있지요. 하지만 분명히 달라요. 알고 맡기면 결과를 미리 예상해 볼 수 있고 실제 내가 생각한 만큼 효과가 있는지 늘 측정해 볼 수 있어요. 즉 가성비를 따질 수 있는 거지요. 가성비가 떨어진다면 추가요구를 할 수도 있고 위임자를 바꿀 수도 있어요. 이런 태도는 위임자를 긴장하게 만들어요. 무슨 말인지 알아듣지 못하고 '무조건 선생님만 믿고 맡길게요' 하는 학부모와 이것저것 꼼꼼하게 챙기고 물어보는 학부모가 있을 때 사교육 선생님이 어떤 아이에게 신경을 더 쓸까요?

공교육에서는 다를 수 있어요. 하지만 사교육은 교육자이기도 하지만 사업자거든요. 사업을 계속 유지해야 하는 것도 중요한 일이에요. 너무 유난스럽다고 생각하지 마세요. 오히려 그런 과정 속에서 좋은 결과를 내기 위한 동기부여가 만들어지기도 해요. 아이, 엄마, 선생님이 한 팀이라는 생각으로 동료의식이 생기는 거예요. 결과에 대해서도 충분히 예상이 가능하니 좀 더 나은 방향을 고민할 수 있고 청천벽력 같은 충격을 받을 일이 일어날 가능성이 줄어드는 거지요. 그래서 결과에 대해서도 충분히 인정할 수 있는 거고요.

하지만 전적으로 사교육에 의존하고 결정권을 맡겼을 경우는 어떨까요? 잘 모르니까 자신감이 떨어지고 그래서 사교육업체에 제대로 요구하거나 질문을 하기도 두렵겠지요. '아이와 선생님이 잘 하고 있겠지'라는 믿음만으로 그 긴 시간을 버티는 건 쉬운 일이 아니에요. 장기간의 스트레스는 불안과 부정적 사고를 만들어내기 쉬워요. 하지만 많은 엄마들이 참고 견딥니다. 자신감이 없으니까요. 그리고 기대했던 결과가 나오지 않으면 선생님과 아이에게 그동안 참았던 화가 한꺼번에 나는 경우가 많아요. 그동안 들인 돈과 시간을 생각하면 당연히 그렇겠지요.

그 원망이 어디로 갈까요? 이 모든 과정의 당사자는 아이니까 가장 힘들고 상처를 받았을텐데 모두 아이의 잘못으로 되어버리니 아이는 그런 속상함을 표현할 수도 없습니다. 엄마가 "딴 집 애들은 잘만 하는데 너는 왜 그러니?"같은 이야기를 참지 못하고 내뱉을 수도 있어요. 이런 이야기까지 들은 아이는 본인에 대해 이중적인 감정을 가지기 쉬워요. '열심히 시키는데로 했는데 결과가 안 좋은 게 왜 내 탓이지?'라는 억울한 마음과 '내 실력이 부족하니 떨어진 거지' 같은 자책감을 동시에 가지게 될 거예요. 그런 마음이 해소되지 않은 채로 사교육 선생님이 지정해 준, 현실에서 합격한 대학에 그냥 입학하는 것으로 결론이 나는 경우가 많습니다.

굉장히 흔한 결말입니다. 대학은 고관여 상품이라 정말 신중하게 선택해야 해요. 재구매를 하려면 1년을 기다려야 합니다. 그냥 기다리나요? 대학등록금 4년 치를 1년에 지불해야 할 만큼 고액을 들여 준비를 다시 해야 합니다. 그래서 무리를 해서라도 전문가의 도움을 받는 경우가 많지요. 게다가 학생부를 위주로 대입이 진행되고 정시의 문이 좁아지니 재수해도 더 좋은 결과를 내는 것이 요원해졌지요. 그래서 대입을 다시 도전하는 경우 웬만하면 현실을 받아들여요. 눈 높이를 낮추고 합격한 대학에 입학하는 경우가 많지요. 이것이 대학 입학시장의 특징이에요. 대부분의 고객이 초심자이고 대부분의 고객 이 원하는 구매를 실패했다고 생각합니다.

특히 중상위권 아이들은 그런 경우가 많아요. 남들이 보기엔 나쁘 지 않은 결과 같지만 본인의 성에 차지 않는 경우가 대부분이에요.

사교육에 아이를 맡기는 것이 현실적으로 어쩔 수 없다는 것은 충 분히 이해합니다. 하지만 주도권까지 넘겨주지는 마세요. 아이와 엄 마가 사교육을 선택하는 거예요. 사교육업체에서 아이에게 완벽하게 딱 맞는 교육을 알아서 잘 시켜주고 최상의 선택을 하게 도와줄거라 는 생각은 과도한 낙관주의예요. 분명 엄마가 관여해야할 부분이 있 어요. 일일이 다 간섭해야한다는 의미는 아니지만 관심 있게 지켜보 고 상담에 능동적으로 참여하는 것이 좋아요.

POINT

사교육에 주도권을 뺏기면 안된다. 주도적으로 사교육을 선택해 보자.

입결? 참고자료일 뿐이에요

입결이란 말 많이 들어보셨을 거예요. 입시 결과의 줄임말인데요. 보통 몇 년치 최종등록자의 평균을 나열한 표를 의미해요. 그 표를 보면 대부분의 아이와 엄마는 놀랍니다. 교과전형, 수능위주전형의 결과를 보곤 '저렇게 높아?', 학생부종합전형 결과엔 '저렇게 낮아?' 라는 생각을 많이 하지요. 하지만 그 안에 비밀이 있어요.

결론부터 말씀드리면 입시 참고자료 중 가장 위험한 것은 숫자로 된 정보에요. 평가한 방법으로 보여주는 숫자가 아니에요. 합격한 아이들의 점수로 입시 결과 표를 만든 것이니 거짓은 아니지만, 실제로는 그 방법으로 합격한 것이 아니니 표를 위한 표라고 생각해도 됩니다. 그 중간 어디쯤 빈틈이 꽤 있답니다.

정량적으로 평가하는 전형은 숫자로 된 자료가 '대충은' 맞습니다. 그 정보를 가지고 우리 아이의 입시 결과 범위 정도는 가늠할 수 있어요. 구체적으로 말씀드리면 학생부교과, 수능위주 전형입니다. 하지만 이 조차도 해마다 다른 요소를 충분히 감안해서 우리 아이가 지원할 땐 신중하게 지원을 해야 합니다. 반영비율이나 반영과목 무시하고, 그냥 일괄적으로 낸 표일 가능성이 높아요. 무엇보다 우리 아이의 경쟁자들의 입시 결과가 아니에요. 최근 3년간 등록자 평균성적, 3년간 충원율 같은 정보는 그 해의 결과일 뿐 이에요. 우리 아이가 시험 보는 해는 어떻게 변할지 몰라요. 그저 참고를 한다 생각하세요. 특히 우리 아이가 지원하는 해의 반영비율이나 과목이 바뀌면 결과가 많이 바뀔 수 밖에 없어요. 평가방법이 어떻게 변화했는지까지 함께 고려하면서 봐야하는 것이 입시 결과에요.

우리 아이가 가고 싶어 하는 학과의 학생부 평균이 2.3등급일 경우 '우리 아이는 학생부 평균 2.3등급이니까, 이 학과는 무조건 합격이구나' 라고 생각할 수 있어요. 하지만 맞을 수도 있고 아닐 수도 있답니다.

미래의 입시 결과를 정확히 가늠할 수 있다면 누가 대학에 떨어지겠어요. 이런 사실을 이미 다 알고 있으면서도 숫자로 되어있는 정보를 보면 저절로 착각을 하게 되는 거지요. 특히 소숫점까지 표기되어 있으면 정확한 정보일 거라 자연스럽게 착각을 하게 돼요. 우리 아이가 작년에 합격선 안에 들었다고 무조건 합격이 아니듯 작년이라면 합격하지 못했을 점수라 해도 무조건 불합격은 아닙니다. 기준선 정도로만 생각해 주세요.

정량평가가 이런데 정성평가인 학생부종합전형, 논술위주전형은 어떻겠어요. 통계자료 자체가 의미 없는 경우가 대부분이라고 보면 됩니다. 평가자가 다르면 평가방식부터 달라질 수밖에 없는 게 이 두 전형이거든요.

마음 편하게 대략적인 분포만 보세요. 특히 논술위주전형은 학생부자료 자체가 큰 의미가 없어요. 학생부 성적이 반영되긴 하지만 대부분 변별이 되지 않도록 설계를 해놨습니다. 논술위주전형의 성격을 살려 논술성적으로 합격이 좌우되도록 만들어놓은 거지요. 아이의 논술 실력과 학생부 성적이 비슷할 것이라는 가정하에 자료를 만들어 공개한 것 뿐이에요.

그리고 지금 정보로 돌아다니는 자료들은 이미 끝난 입시의 자료예요. 대부분의 입시자료는 합격한 아이 1명, 혹은 불합격한 아이 1명을 기준으로 설명이 돼요. 다시 말해 전체적인 편차나 범위는 전혀 고려되지 않고 평균점수 70% 커트라인 정도의 점수만 공개되는 거예요. 좀 더 깊이 들어가 보면 지원자 중 자격미달자 숫자, 실제로 평가받은 아이들 숫자까지도 다 알아야 정확한 정보인 거예요. 하지만 어차피 같은 아이들과 경쟁하지 않는 끝난 입시자료인데 그렇게 자세히 알 필요가 없는 거지요. 우리 아이에겐 그다지 도움이 되지 않는 자료예요.

2020학년도에 3.8등급인 아이가 ○○○대학 ○○전형 ○○○학과에 합격했습니다. 그 해 지원한 아이들이 우연찮게 성적이 낮았을 수 있어요. 같은 해 2.1등급인 아이가 같은 학교 같은 전형 다른 학과에 지원해서 떨어질 수도 있어요. 그 해 우연찮게 경쟁자들이 1등급이 몰려들어서요.

입시 정보라며 돌아다니는 통계자료들을 훑어볼 때 이 사실을 모두 감안하고 봐야 합니다. 잊지 마세요.

POINT

입결에 매몰될 필요가 없다. 이미 끝난 전형의 정확한 결과는 내 아이의 입시 때와는 다를 수 있다. 이미 끝난 전형의 지원자는 우리 아이의 경쟁자가 아니다!

비싼 게 비지떡일 수 있어요

요즘 개인상담 많이 받지요? 몇 가지 미리 알아두면 좋을 주의사항이 있어요.

첫 번째는 상담자의 외모에 속지 마세요. 나이가 많거나 중후해 보이는 남자가 상담할 때 '경력이 많겠구나'라고 생각할 수 있어요. 반대로 젊어 보이거나 여자일 경우에는 상대적으로 신뢰하지 않는 경우도 있지요. 나이가 있다고 해서 정보가 없다는 이야기가 아니라 외모로 우리 아이에게 도움이 되는지 안 되는지를 구별할 순 없다는 의미지요. 공개되어 있는 경력이라도 본인이 알리고 싶은 내용만 기재된 거예요. 거짓말은 없겠지만 알리지 않은 내용이 있을 수 있어요. 모두 다 공개한 건 아니겠지요. 다른 일도 아니고 우리 아이의 미래가 달린 일인데 송두리째 맡기는 건 정말 위험해요. 입학사정관이나 입시 컨설턴트는 의사, 간호사, 변호사, 교사처럼 전문직이 되기 위해 치열한 경쟁을 뚫고 국가고시를 보고 일정기간 이상 수련해서 얻은 자격이 아니에요. 문턱이 낮아요. 자격이 있는지 없는지 알 수가 없어요.

두 번째는 실력자와 실력 없는 사람으로 정확히 나눌 수가 없어요. 그 기준은 우리 아이에게 도움이 되는 것인지 뿐이에요. 아주 유명하고 경력이 대단한 사람이라도 우리 아이에게 도움이 되지 않을 수도 있고, 그냥 우연히 들은 옆집 엄마의 한 마디가 크게 도움이 될 수도 있어요. 같은 사람이 해준 이야기라도 어떤 말은 도움이 되지만 어떤 말은 오히려 해가 될 수도 있어요. 듣는 사람에게 전적으로 책임이 있어요. 모든 말을 다 믿거나, 모든 말을 다 불신할 필요가 없는 거지요.

주의해야 할 상담자 타입은 이렇습니다. 친절하게 명확한 답변을 시원하게 해주는 사람은 일단 경계하세요. 복잡하고 자꾸 변하는 대학입시에 대해 자신감이 없다보니 엄마들은 늘 지푸라기라도 찾아 헤매는 상황입니다. 그런 와중에 친절하고 나의 이 불안함을 잘 어루

만져 주는 상담자를 만났습니다. 내가 자세히 설명하지 않았는데도 내 이야기를 찰떡같이 알아들어줍니다. 특히 우리 아이의 정보를 별로 알려주지도 않았는데, 아이에 대해 물어보지도 않으면서 친절하기만 한 상담자는 위험해요. 그런 사람들은 답변이 명쾌해요. 그리고 아주 희망적이에요. 예를 들어 '우리 아이가 3등급인데 ○○대학 갈 수 있을까요?' 라고 했을 때 바로 친절하면서도 간단하게 '가능합니다. 작년에 3.5등급인데 입학한 아이가 있었어요.'같은 답변이 나오는 거지요. 이렇게 애매하게 질문했을 때는 다시 질문이 나와야 맞습니다. 아이에 대해 자세히 물어보는 게 정상이에요. 하다 못해 무슨 학과 생각하고 있냐는 질문은 기본으로 꼭 해야해요. 우리 아이에 대해 정확히 알지도 못하면서 합격·불합격을 함부로 예상하는 건 정말 이상한 일이거든요. 달변가도 경계하세요. 어려운 이야기를 달변으로 쏟아내니 정보에 목말라있는 엄마는 신뢰할 수밖에 없습니다. 특히 이런 사람은 숫자와 사례를 가지고 말하는 경우가 많아요. 다시 말씀드리지만, 요즘 대입에는 숫자만큼 위험한 정보가 없어요. 그리고 나오는 사례들은 일반화하기 어려운 특별한 아이들의 이야기예요. 모든 아이들이 똑같이 평가를 받을 수 없다는 사실을 기억해 주세요. 상담자의 경력이나 직책도 우리 아이에겐 도움이 되지 않는 경우가 많아요. 10년 경력, 20년 경력이라고 홍보하는 경우가 많잖아요. 소장, 실장, 선임, 책임 등등 일반 기업에서는 아주 오래 일해야 달 수 있는 높은 직책을 가지고 있습니다. 물론 거짓말 아닐 것이고 당연히 경력도 많고, 직책도 높으니 훌륭한 분입니다. 하지만 내 아이에게 진짜 도움이 될 정보를 줄 수 있는 사람일 수도 있지만 아닐 수도 있어요. 맹신은 금물이에요. 그냥 참고만 하세요.

컨설팅이 아무 의미 없으니 받지 말라는 의미는 아니에요. 내 아이에 대해 이야기를 많이 들으면 들을수록 좋지요. 하지만 무조건 믿거나 무조건 불신하는 것은 안된다는 거예요. 필요한 정보, 필요치 않은 정보를 구별할 수 있는 힘이 있을 때 상담을 받으면 좋겠어요. 보통 '매몰비용의 오류'라고 하지요. 우리는 내가 들인 돈이나 노력이 크면 클수록 맹신하려는 성향이 있어요. 그 본능을 인지하고 경계해야 해요.

요즘은 불안감이 너무 크니까 유명하다는 컨설턴트를 여러 명 찾아가 컨설팅을 받는 경우가 많아요. 그런데 중상위권은 그 처방이 사람마다 다른 경우가 많아. 그냥 수능에 올인해라, 아직 괜찮으니 비교과에 시간을 들여라, 혹은 독서록 작성을 해라, 혹은 대뜸 논술을 미리 준비해라 등 다양한 처방전을 내려줍니다. 그 사람들이 거짓말을 하는 건 아니에요. 다 맞는 말이에요. 그만큼 요즘 입시는 미리 예측하는 것이 어렵다는 것을 반증하는 것 뿐, 별 의미가 없는 경우가 많아요. 엄마 입장에서는 큰 돈 들여 어렵게 만난 사람들이니 모든 말을 다 실행하고 싶지만, 중구난방의 이야기를 다 실행하려니 아이는 잘 따라주진 않고 중심잡기가 어려워진 거지요. 결국은 엄마의 기대만큼 성적이 나오지 않는 아이에 대한 원망이 커지는 경우를 종종 봤어요.

사실 요즘의 대입상담은 사주팔자를 보는 것과 거의 비슷합니다. 아무도 미래를 알 수 없고, 상담자들은 그저 조언을 할 뿐입니다. 그래서 결론이 어떻게 나든 상담자는 책임질 필요가 없어요. 그러니 불합격을 해도 손해배상청구를 하지 않잖아요. 그러니까 맹신할 필요도 없는 거예요.

우리 아이에게 딱 맞는 정보를 줄 수 있는 사람은 아이를 꾸준히 관심있게 들여다 본 사람이에요. 당장 우리 아이에 대해 학생부교과 평균 성적 정도의 정보만 알려주고 받을 수 있는 상담은 일반적인 이야기일 가능성이 높지요. 입시상담은 상담자 개인의 역량도 중요하지만 우리 아이에 대한 관심, 지식이 더 중요해요. 그러니 입시상담 결과는 참고 정도로만 생각해 주세요. 특히, 그런 조언으로 그동안 가던 길을 송두리째 다시 다 바꾸는 것은 정말 위험한 일입니다.

POINT

입시컨설턴트, 입학사정관은 공인자격증이 없는 직업이다. 상담결과를 맹신하지 말자. 특히 외모나 경력, 화술만으로 과도하게 믿음을 갖는 것은 위험한 일이다.

3

우리 아이 걱정 마세요. 잘하고 있어요!

|||||||||||||||||||||||||||||||||||||||||||||||||||||||||||||||||||||||||||||||||||||||||||||||||

우리 아이 성적이 기대만큼 높지 않아 불안하시죠? 왜 저 정도 밖에 못하
는지 답답하지요? 하지만 아이는 지금 열심히 하고 있는 거예요. 최선을 다
하고 있어요.

|||||||||||||||||||||||||||||||||||||||||||||||||||||||||||||||||||||||||||||||||||||||||||||||||

공부 잘하는 아이였는데, 고등학교에선 성적이 왜 이럴까?

중학교 때 공부 곧잘 했던 아이가 왜 고등학교 가서 이렇게 처지는지 답답하다면 그 원인은 절대 평가에 있어요.

우리 학창시절에는 중학교부터 상대평가를 했지만 지금은 고등학교에 올라가야 상대평가를 시작하잖아요. 그러니까 본인의 상대적 위치를 정확히 인지하지 못하다가 등급이 나와야 자기 위치를 보고 놀라는 거지요.

고등학교의 등급체계는 굉장히 박해요. 예를 들어 학교알리미에서 우리 아이가 중학교 3학년 때의 영어 A등급 비율이 얼마나 됐는지 찾아보세요. 보통 도시 중학교의 A비율은 30%정도라고 합니다. 그 비율을 고등학교 등급체계에 그대로 적용하면 A를 받은 아이가 3등급 중후반 정도인 거예요.

등급	누적 비율(%)	비율(%)	1반이 30명일 때 등급별 인원
1	1~4	4	1
2	11	7	3
3	23	12	6
4	40	17	12
5	60	20	18
6	77	17	23
7	89	12	26
8	96	7	29
9	100	4	30

등급별 분포 인원

등급체계를 한 반으로 범위를 축소해 보면 더 놀랄 거예요. 한 반 인원이 30명 미만일 경우 1등을 해도 1등급을 받지 못하는 경우가 종종 생기는 것이 현실입니다. 이렇게 경쟁이 치열한데, 중학교 때까진 그 현실을 알 방법이 없었던 거지요.

지금 당장 학교알리미(www.schoolinfo.go.kr)에서 지역별로 중학교 등급비율 확인해 보세요. 우리 아이의 모교도 확인하고 현재 우리 아이의 고등학교에 배정된 아이들이 주로 졸업한 중학교도 한번 확인해 보세요. 그럼 우리 아이의 경쟁자들이 어떤 아이들인가 파악할 수 있어요. 아이가 처한 현실을 보다 정확히 이해할 수 있을 거예요.

POINT

절대평가와 상대평가의 차이를 인지한다면 아이의 고등학교 성적에 놀라지 않을 수 있다. 아이의 경쟁자들을 정확히 파악해보자.

열심히 하는 우리 아이, 3등급이라도 괜찮은 걸까?

미리 답을 말씀드리면 '괜찮습니다!'

중학교 시절 늘 A만 받았던 아이가 고등학교 첫 중간고사를 보고 마음의 상처를 입었어요. 공부 잘하는 아이의 자기정체성에 흠집이 난 것이지요. 대부분의 아이들은 그래서 더욱 공부를 열성적으로 합니다. 하지만 성적이 별로 오르지 않아요. 왜냐하면 비슷한 상황의 나머지 아이들도 다 열심히 하거든요. 그래서 더욱 경쟁이 치열해지고, 그래서 더욱 성적을 올리기가 어려운 거지요.

등급	누적 비율(%)	비율(%)	1반이 30명일 때 등급별 인원
1	1~4	4	1
2	11	7	3
3	23	12	6
4	40	17	12
5	60	20	18
6	77	17	23
7	89	12	26
8	96	7	29
9	100	4	30

등급별 분포 인원

도시의 보통 일반고 학생들의 분포는 대부분 역삼각형의 모양을 하고 있어요. 1등급~3등급까지의 학생들이 가장 많고 4등급 정도 되면 조금씩 숫자가 줄어드는 경향을 보여요.

등급별 분포인원표에서 보면 분명 다이아몬드 모양이 되어야하는데, 상식적으로는 말이 안 되지요. 한 과목만 봤을 때 등급분포는 다이아몬드가 맞아요.

하지만 중간고사, 기말고사를 통으로 보면 등급분포는 역삼각형이에요. 원인은 1등급중반부터 3등급까지 중학교 때 A를 받던 아이들이 몰려 있어서에요. 그리고 여러 학기, 여러 과목의 평균을 내기 때문이에요. 예를 들어 1학년 중간고사에 수학은 1등급을 받았지만, 국어는 2등급을 받았어요, 통합사회는 1등급이지만 통합과학은 3등급을 받았습니다. 그러면 평균 1.5등급입니다. 단위 수까지 넣어 환산을 하면 소숫점까지 평균이 나오겠지요. 결국 중학교 시절 A를 받는 아이들이 모여 엎치락뒷치락 하는 곳이 1등급 중반~3등급까지의 구간입니다. 학년이 올라가고 시험, 과목의 수가 누적될수록 이 현상이 더욱 심화되겠지요. 그래서 평균 2~3등급대 아이들이 생각보다 많아요. 특히, 선택과목이 늘수록 등급받기가 어려워지니 학년이 올라갈수록 아이들의 성적이 떨어지는 것은 당연한 이야기지요.

결국 선택의 여지가 늘어갈수록 아이들의 성적은 낮아집니다. 거기다 인구가 급감하고 있으니 상대평가로 받을 수 있는 점수는 더 낮아져만 가는 거예요. 공부를 못하는 게 아니에요. 그들만의 리그에서 대부분 한 문제 차이로 그런 숫자를 받게 되었던 것뿐이에요. 실제 실력 차이는 모든 과목을 늘 1등급을 받는 몇 아이를 제외하고는 다들 비슷하다고 보면 돼요.

우리 아이 등급만 보고 너무 실망하지 마세요. 정말 열심히 하고 있고 아주 잘하고 있는 거랍니다.

POINT

실제 내신등급의 숫자만큼 아이의 실력이 없다는 의미가 아니다. 충분히 잘하고 있으니 장단점을 먼저 파악하고 아이에게 맞는 입시를 찾아주면 된다.

3등급 중후반의 입시는?

입시를 진행하다보면 중상위권 대학은 2등급대에서 희비가 엇갈리는 경우가 대부분이에요. 특히나 수시는 6개 원서를 쓸 수 있다 보니 빈익빈 부익부 현상이 일어날 수 밖에 없어요. 합격하는 학생은 대부분 다 합격하고 떨어지는 학생은 다 떨어져서 정시로 넘어갑니다. 그리고 대부분 수시에서 합격하는 학생은 2등급대 아이들입니다. 그렇다고 3등급대인 합격자가 아예 없을까요? 당연히 있어요. 4~5등급까지도 있어요. 논술전형까지 고려하면 6~7등급까지 내려가는 경우도 꽤 많아요. 그럼 학생부 평균이 3등급 중 후반 쯤 된 아이들 중 수시에 합격하는 아이들은 어떤 아이들일까요?

보통 3등급 중후반부터는 수시에서 논술고사에 지원합니다. 그래서 경쟁률이 상상을 초월하게 높아요. 논술시험을 로또 전형라고 많이 얘기해요. 하지만 대학 입학시험인데 정말 무작위로 선발할 리는 없지요. 논술시험에 대한 준비 방법이 있어요.(168쪽 참조) 이 준비 방법만 제대로 숙지하셔도 승산이 있어요. 많은 분들이 분명 알고 있지만 실제로 이 준비 방법을 실행하는 경우는 별로 없어요. 대부분 사교육 도움을 받지요. 하지만 사교육 도움 받기 전에 필히 스스로 준비를 해야 해요. 논술전형에서는 특히 그래요.

3등급에게 논술고사만 답은 아니에요. 아이의 특징에 따라 학생부종합전형으로 지원하는 것도 고려해 보세요. 다만, 면접이 있는 전형을 추천해요. 보통 면접이 당락을 좌우할 정도의 전형은 단계별전형이에요. 과목 별로 특징이 두드러진 아이라면 적극 추천합니다. 여러 과목 평균을 내다보니 3등급대로 떨어지긴 했지만 특정과목에 자신이 있고 그 특징이 학생부 교과발달 상황만 봐도 명확히 드러난다면 학생부종합전형이 딱입니다. 실제로 평가자들이 보는 평가자료는 학생부 그대로가 원칙이에요. NEIS에서 보는 그 모습과 거의 똑같다고 보면 돼요. 별도로 학생의 평균 성적이나 추이 등을 정리해서 볼 수 없도록 되어있어요. 평가자가 개인적으로 정리하는 경우가 있을 순 있지만, 학생부 날 것의 모양 그대로 평가를 해야 합니다. 그러니 과목별 차이가 학생부만 봤는데도 눈에 띄게 두드러진다면 굉장한 장점입니다.

　면접은 말을 잘하고, 발표를 잘하는 학생이 유리하다고 보통 생각하지만 조금 달라요. 학생부만으로는 내 자신을 충분히 보여주기 부족한 학생이 면접이 있는 전형에 유리해요. 거기에 말을 잘하고 자신의 생각을 자신의 언어로 충분히 표현할 수 있는 능력이 추가되는 거예요. 거꾸로 얘기하면 학생부만 보여주는 것이 유리하다 싶은 학생은 서류평가만 진행되는 전형을 지원해야 유리하겠지요.

　실제 입시 결과를 살펴보면 면접에서 결과를 뒤집는 경우가 종종 있어요. 학생부상으로는 충분히 표현되지 않은 모습을 면접에서 보여준 거지요.

　마지막은 학생부교과전형인데요. 2022학년도부터는 달라지는 점이 많아 추천해요. 3등급 초반까지는 고려해 보셔도 좋아요. 2022학년도부터 학생부교과전형을 지역균형선발 전형으로 개편할 것을 권고해서 대부분 대학이 학교장추천 전형으로 변경했어요. 학교장 추천서가 없으면 지원할 수 없는 전형이 되었어요. 그동안은 학생부 성적이 좋은 N수생들도 제법 지원하는 전형이었어요. 하지만 인원제한이 있는 추천서가 졸업생까지 돌아가기 쉽지 않겠지요. 아무래도 전형 전체의 경쟁률이 낮아질 수 밖에 없어요. 그리고 대부분 수능 최저학력 기준이 있어요. 기존에 수능 최저학력 기준이 없는 학교들도 꽤 많았지만 조금씩 달라지고 있어요. 결국 장애물이 두 개나 있는 전형이 되어서 장애물 두 개를 모두 넘은 아이들만 모아 평가를 하니 학생부 성적이 낮아질 가능성이 높아요.

학생부 교과 등급만으로 성적을 환산하니 3등급 학생을 선뜻 추천하겠다고 먼저 제안하는 고등학교는 별로 없을 거예요. 하지만 수능 최저학력 기준을 충분히 맞출 수 있다면 먼저 적극적으로 자신에게 맞는 대학을 찾아보고 학교에 추천서 요청을 해 보세요. 대학별로 반영과목, 반영비율이 다르니 자신에게 유리하게 환산되는 학교를 찾아보면 방법을 찾을 수 있을 거예요. 특히 진로선택과목을 반영하지 않는 학교도 있고, 반영할 경우 학교마다 방법이 달라서 유리하게 환산되는 학교를 미리 찾아보는 것도 좋아요.

아이의 특성에 따라 결과가 달라지는 것이 요즘 입시예요. 그리고 입시의 70%이상을 차지하는 수시모집을 맥없이 포기하는 건 아쉬운 일이지요. 특히 소위 학군지로 불리는 경쟁이 치열한 지역의 학생들은 더욱 아쉬워요. 온라인에 떠도는 입시결과 평균등급에 너무 매몰되지 말고 우리 아이의 특징을 살펴봐준다면 수시에서도 방법을 찾을 수 있어요.

진학탐색이 아닌 진로탐색을 하는 시간을 가져보세요

요즘은 진로 교육을 중학교 때부터 시작해요. 그리고 고등학교에 진학해서도 진로탐색을 이어갑니다. 하지만 고등학교에서의 진로탐색을 학생부종합 전형에 응시할 아이들만의 전유물이라 생각하지요. 그래서 진로설정, 진로탐색, 진로교육 같은 단어로 검색하면 대부분 대학의 학과와 연결된 진로와 비교과 활동이 나와요. 특히 수시모집 학생부종합 전형을 염두하고 있는 학생들에게 진로탐색은 필수 중 필수입니다. 하지만 대부분 진로 정보가 아니라 대입 정보에요.

진로(進路)는 나아가는 길이라는 의미잖아요. 진로는 미래의 우리 아이가 먹고 살 수 있는 평생의 업을 의미하는 거지요. 원래 중학교 때부터 배우는 진로는 그 개념이 맞아요. 그런데 이 진로를 대입에서 활용하기 시작하면서 진로라는 말을 쓰며 진학이란 의미로 사용하기 시작한 것 같아요.

진로와 관련된 질문은 대부분 이렇습니다.

"진로 희망 계속 바뀌었는데 감점될까요?"

"공무원 되려면 행정학과 가야되나요?"

"아랍어과 가면 비전 있어요?"

이 질문을 요약하면 "그 대학에 관심이 있고 가고 싶어요"에요. 대학입학에 대한 질문이지 진로에 대한 질문이 아니지요. "어차피 수능 시험 볼 건데 진로탐색 뭐하러 해?" 같은 말도 많이 하잖아요. 이 역시 진로라는 단어를 썼지만 진학이란 의미로 사용한 거지요.

진로탐색은 누구나 해야 하는 것이 맞아요. 수시, 정시, 학생부종합전형, 교과전형, 논술전형 어떤 전형에 응시할 학생이라도, 아니 대학생이 되어서도, 직업을 가진 후에도 계속 탐색하는 것이 맞아요. 그런데 이렇게 공부처럼 진로교육을 시키고 대학입시에까지 반영을 해버리니 결국 대학입시를 위해 진로를 설정하는 이상한 상황이 되어버린 거지요. 그래서 진로에 관한 가장 많은 질문이 '진로희망이 학년마다 바뀌었을 때 감점이 어느 정도 되냐'는 것입니다. 진로희망이 3년 내내 한 번도 안 바뀌는 학생도 있지만 계속 바뀌는 학생도 있을텐데, 그것조차도 마음 편하게 생각할 수 없게 되어버린 거예요. 그래서 진로희망 항목을 대학에 제공하는 학생부에서는 보이지 않게 하는 상황까지 가버린 거지요.

지금의 진로교육이 완전히 잘못되었다는 이야기는 아니에요. 진로교육은 그 자체로도 큰 의미가 있어요. 특히 미래계획을 미리 세워볼 수 있는 게 얼마나 좋은 일이에요. 미래계획이 아예 없이 지금 당장 눈앞의 과업만 보는 것 보다는 백배 나은 거 맞아요.

다만 진학과 헷갈리지 마세요. 무조건 진로가 우선이에요. 진학은 진로탐색 중 한 단계일 뿐이에요. 진로를 탐색해 아주 큰 목표를 구체화시킨 후에 그 다음에 학과, 대학을 결정해야 맞아요. 그러니 최종 목적에는 늘 진로가 있어야 해요. 최종 목적이 대학 진학이 되어서는 죽도 밥도 되지 않아요. 현실에 발목이 채이기 십상이지요. 3년이라는 긴 기간 동안 수없이 치른 상대평가 점수를 모아 결과를 내는 것이 대학 진학이잖아요. 아주 한정된 시간에 치열한 경쟁 속에서 내 의지만으로는 원하는 것을 쉽게 달성하기 어려워요. 게다가 경쟁자 모두가 열심히 해요. 현실과 타협을 해야 하는 경우가 종종 생기는 거지요. 대학진학이 최종 목표가 되어버리면 결국 현실과 타협을 하면서 인생의 목표도 함께 갈팡질팡 바뀌는 거지요. 그렇게 대학교에 입학해 대2병에 걸리는 거예요.

그래서 진로는 오랜 시간을 들여 정하는 게 맞아요. 그래서 계속 바뀌어도 됩니다. 중학교 때부터 진로를 명확히 세우는 것이 오히려 현실적으로는 말이 안 되는 얘기에요. 가장 중요한 것은 목적지는 꼭 있어야 한다는 사실이에요. 아니, 당장 목적지를 정하느라고 성급하게 결론을 내는 것 보다는 '가장 중요한 건 최종 목적지이다' 라는 생각이라도 확고하게 가지고 늘 목적지를 찾고 있다는 사실을 염두하고 있다면 그것으로 족해요.

코로나19 바이러스를 아예 멸종시키고 싶은 중3 아이가 있습니다. 이 아이의 최종 목적지는 인류를 이롭게 하는 사람이 되는 겁니다. 그 중에서도 '화학자가 되고 싶어요, 신약을 개발하는 사람이 되고 싶어요, 신약 중에서도 바이러스를 잡는 신약을 개발하고 싶어요'라고 한다면 이 아이가 지금 해야 할 것은 수학과 과학, 그 중에서도 생명과

학과 화학을 잘해야 합니다. 동아리도 생명과학이나 화학 관련된 동아리를 하는게 일관성이 있어 보이겠지요. 그런데 고등학교에 진학해보니 수학성적은 잘 나오는데, 화학은 적성에 맞지 않는 것 같아요. 이미 중앙동아리는 경쟁이 치열한 화학 동아리에 잘 들어갔는데 왠지 바꿔야할 것 같아요. 담임 선생님과 상담해보니 '중앙동아리는 바꿀수 없어. 아쉽지만 그냥 계속 해야겠다'라고 합니다. 고민이 깊어집니다. 이런 사태를 맞았을 때 엄마도 아이도 당황해요. 그들에게는 세상이 무너질 듯 큰 일이지만 현실 고등학교에선 흔한 일입니다. 이럴 경우 어떻게 해야 할까요? 성적이 만족스럽진 않지만 아이가 화학공부에 계속 흥미를 잃지 않고 있다면 밀고 나갈 수 있어요. 그래서 화학을 따로 시간을 들여 공부합니다. 학원을 가든 과외를 하든, 어떻게든 성적을 올립니다. 화학 동아리도 열심히 합니다. 하지만 아이가 화학을 실제로 공부해 보니 별로 재미가 없다고 해요. 그럼 진로를 바꾸면 돼요. 그냥 화학자를 포기하고 끝나는 것이 아니라 새로운 목표를 새워서 연관된 공부를 하면 되는 거지요. 두 경우 다 나쁜 선택은 아니에요. 일단 명확한 목표를 가지고 있고 그 목표를 향해 열심히 달려가고 있으니까요. 그리고 이렇게 진로가 바뀌었다고 점수를 무조건 깎는 대학은 없어요. 이유가 타당하면 아무런 문제가 없어요.

본전 아까워서 일단 시작한 일은 멈추기 힘들다고 생각하지 마세요. 잘못된 길 같으면 멈추고 돌아가는 게 낫지요. 지금 현재는 손해 보는 것 같아도 미래를 생각해 보면 오히려 빨리 방향을 트는 게 맞을 수 있거든요.

목표를 명확히 가지되, 중간에 잘못된 길이란 생각이 들면 조정해도 괜찮아요. 심지어 다시 원점으로 되돌아가서 새로 시작해도 되는 거지요. 처음 세운 목표에 매몰되어 힘든 길을 가고 있는 것은 아닌지 살펴봐주세요. 목표를 명확히 해야한다는 사실만 잊지 마세요.

POINT

진로와 진학을 헷갈리지 말자. 진로가 먼저고 최종 목표다. 하지만 최종 목표는 바뀌어도 된다. 다만 최종 목표가 있어야한다는 사실만 잊지 않으면 된다.

너무 달려 빨리 번아웃되는 아이들

혹시 대2병이란 말을 들어보셨나요? 중2병이란 말에서 유래된 신조어입니다. 불확실한 미래에 대한 고민에 빠져 방황하는 청춘들의 증상을 일컫는 말인데요, 주로 대학교 2학년이 되면 많이 겪는 현상이라고 합니다.

정시가 주된 입시였을 때는 고등학교 1,2학년 때 공부를 못했더라도 고3부터 모의고사 성적이 쑥쑥 올라가는 아이들도 꽤 있었습니다. 그들은 원하는 대학에 들어가는 경우가 많았어요. 좋았다는 의미가 아니라 지금 현재의 자리에서도 다시 시작해도 충분히 미래를 바꿀 수 있었던 시절이었다는 거지요. 두 번째 기회는 마음만 먹으면 누구나 얻을 수 있었어요.

그런데 지금은 두 번째 기회를 얻는 것이 쉽지 않아요. 당장 중학교부터 내신전쟁입니다. 특목고를 가려면 관련과목은 모두 A를 받아야합니다. 필기나 면접시험을 따로 보는데도 불구하고 학생부가 좋아야 합니다. 심지어 비교과도 본다고 해요. 그렇게 입학한 고등학교는 더욱 경쟁이 치열해요. 학교생활의 모든 평가가 학생부에 기록으로 남아있어요. 다 지우고 새롭게 시작할 수가 없어요. 늘 긴장감을 늦출수가 없어요. 함께 공부하는 친구들이 경쟁자예요. 한 명이라도 더 제쳐야 내 등급이 올라가는 분위기에서 3년을 치열하게 보내며 살아남아 대학에 온 아이들입니다.

대2병의 주된 원인은 '남보다 못한 것 같다. 근데 그 이겨야 할 남이 누군지 정확히 모르겠다' 정도로 요약할 수 있어요. 고등학교 때까진 명확하게 내가 남보다 어느 정도 잘하는지, 못하는지를 알 수 있었어요. 게다가 대학가기라는 목표도 명확했지요. 그런데 대학생이 되니 목표가 명확치가 않아요. 왜냐면 대학에 가는 것이 최종 목표인 것처럼 살아온 시간이 최소 6년이니까요. 심지어 대학에 입학하고 나면학교 선생님도, 학원 선생님도 없고 부모님도 알아서 하라고 합니다.

갑자기 아무도 돌봐주는 사람이 없어요. 중요한 것을 집어주는 학원도 없고 스스로 미래를 계획을 세워 나가라고만 합니다. 게다가 내 경쟁자가 누구인지 알 수도 없는 거지요. 일단 학점은 잘 받아야겠으니 그동안처럼 열심히는 하는데, 취업이라는 어렴풋한 목표만 있으니 동기부여가 떨어집니다. 토익도 공부하고 컴퓨터도 배우고 봉사활동도 하느라 분주하게 열심히는 하는데, 대체 누가 나의 경쟁자이고 누굴 이겨야할지 정확히 모르니 동기부여가 잘 되지 않습니다.

고등학교 때까진 쉰다는 옵션자체가 없으니 그냥 달렸습니다. 그런데 대학에 입학하니 주변에서도 한 번쯤 쉬면서 생각해도 된다고 합니다. 쉬면서 진짜 생각이라도 하고 돌아오면 다행이지만 대부분 아르바이트를 하거나 여행을 갑니다. 그리고는 시간만 낭비했다면서 대부분 후회합니다. 그리곤 다시 원래 자리로 돌아가서 학점이나 스펙을 만드느라 분주한 일상을 보냅니다. 대기업이나 공기업에 원서를 넣고, 떨어지고 하면서 그렇게 살아갑니다.

많은 사람들이 대2병을 자연스럽고 당연한 성장통정도로 여기고 있습니다. 하지만 제가 보기엔 중학시절부터 남과의 경쟁을 치르면서 쉬지 않고 달려가느라 지쳐버린 와중에 나의 경쟁자가 모호해지니 동기부여까지 약해져서 생기는 번아웃 증상입니다. 그 지쳐버린 몸과 마음을 휴학기간 동안 일상에서 떨어져 원상복귀 시키는 거지요. 시간 낭비처럼 보이는 휴학기간이 사실은 회복기인 거지요. 하지만 인생의 황금기인데 그 시간들이 아쉽긴 합니다. 가능하면 안 걸리는 게 좋겠지요.

대2병에 안 걸리고 넘어갈 수 있는 방법은 간단합니다. 목표를 명확하게 잡으면 됩니다. 단순히 남보다 잘하는 것을 목표로 잡을 게 아니라 나만의 명확한 삶의 비전과 목표를 세우면 됩니다. 목표가 뚜렷하면 남과의 비교가 사실상 힘들고, 무엇보다 경쟁자가 없으면 오히려 동기부여가 약해지는 삶에서 벗어날 수 있습니다.

수시형? 정시형? 의미 없어요

중간, 기말시험이 끝난 아이에게 가장 많이 듣는 것은 '수시 포기하고 정시에 올인할까?'라는 말입니다. 그렇다고 진짜 내신을 포기하고 수능시험에만 올인하지도 않습니다. 엄마는 더럭 겁이 나서 불안해 했는데 대체 왜 저러지 생각하지 마세요.

사연은 이렇습니다. 모든 아이들이 학생부종합전형으로 대학을 입학하지는 않습니다. 그럼에도 수도권 일반고 중상 이상의 학생들은 수시와 정시를 모두 놓지 않습니다.

공부를 손에 놓지 않은 학생이 학생부종합전형을 포기하는 건 쉬운 결정이 아닙니다. 대입에서 반 이상을 차지하는 전형이니 선발인원이 가장 많아요. 게다가 내가 공들여 한 땀 한 땀 수놓은 학생부로 대학가고 싶은 욕심이 없다면 이상하지요. 성인도 내가 정성들인 것은 어딘가 써먹고 싶고, 자랑하고 싶고, 인정받고 싶은데 내 고등학교 인생의 8할 이상을 열정적으로 쏟아 부었는데 인정받고 싶은건 당연하지요. 다만 원하는 만큼 썩 훌륭하지 못하니 불안하고 자신감이 없을 뿐입니다.

그리고 그 과정 내내 희망고문이 있어요. 1학년 1학기 중간고사를 보면 기대에 못 미치는 성적으로 대부분 충격을 받습니다. 현실의 나와 이상 속의 나의 괴리가 커서 힘듭니다. 하지만 학생부종합전형은 성장잠재력이라는 평가 항목이 있어서 처음에 성적이 좋지 않다가 점점 성적이 나아지면 가산점을 받을 수 있다고들 얘기해요. 다음 시험을 잘 보면 오히려 더 좋은 거라고 합니다. 그래서 계속 열심히 합니다. 게다가 학생부종합전형은 모든 과목을 종합적으로 본다고 합니다. 전공적합성과 관련 없는 과목도 성실성에 포함해 평가를 하고 비교과 활동은 리더십이나 인성에 포함해 평가를 한다고 해요. 그러니 어떤 과목, 어떤 활동 하나 소홀할 수가 없습니다. 이 와중에 큰 돈

주고 입시컨설팅을 받으면 조금만 더 하면 될 거라고 합니다. 수시를 포기하라고 딱 잘라 얘기하지 않습니다. 그러면서 세부특기사항이 중요하니 수업태도와 독서록 이야기를 합니다. 그래서 아이들은 수업시간에 선생님과 눈을 한번이라도 더 맞추려고 노력합니다. 발표 수업이라도 있으면 밤을 새서 준비합니다. 한 글자에도 성의를 다하며 준비합니다. 수업도 열심히 듣고 동아리도 열심히 하고 봉사도 열심히 합니다. 하루에 2~3시간 자기도 어렵지만 그래도 쉴 수 없습니다. 그리고 기말 고사를 봅니다. 그렇게 열심히 했는데 중간고사와 거의 비슷합니다. 왜냐하면 4%까지 밖에 1등급을 받지 못하니까요. 학생 수가 줄어들수록 아슬아슬하게 1등급을 받지 못하는 학생들은 더욱 열심히 할 수 밖에 없어요. 다같이 열심히 하다보니 아이들의 성적은 올라가지만 상대평가 결과는 떨어지는 거예요. 또 이야기하지만 고등학교 입장에서는 만점이 4%를 초과해서 나오면 1등급이 아예 없는 사태가 벌어질 수 있으니 지필고사를 점점 더 어렵게 낼 수밖에 없어요.

기말고사 성적표를 보고 '중간고사에 나왔던 성적은 내가 분위기 파악을 못해서 그런 거 아니었나. 정말 최선을 다해 열심히 했는데, 뭐가 부족한 걸까?' 고민을 하게 되는 거지요. 더 비싼 학원으로 옮겨 달라고 합니다. 중학시절 선행학습 한 것을 방학에 다시 복습해서 꼭 내신을 우상향으로 만들어야겠다 다짐해요. 학원이 10시에 끝나도 스터디카페에서 12시, 새벽까지 과외를 받는 것이 자연스럽습니다. 이렇게 쉬지 않고 공부하면서 2년 반을 보냅니다. 이렇게 결사적으로 공부를 했지만 내신 성적은 소수점 정도만 바뀌고 요지부동입니다. 중상위권 아이들은 대부분 비슷한 상황이에요. 그래서 '정시에 몰입해 보겠다'는 이야기가 나오는 거예요.

그렇다면 내신이 좋은 아이가 수시만 준비하느라 정시를 포기할까요? 수능시험을 누적없이 단 한번의 시험으로 대입이 결정되니 열심히 하면 될 것 같아요. 내신이 좋은 아이들도 그러니 수능 공부를 놓지않아요.

보통의 일반고 중상위권 학생은 이렇습니다. 웬만큼 공부를 한다는 친구들이 대부분 자연계 과목을 들으니 자연스럽게 자연계열 과목을 들었습니다. 등급을 잘 받으려면 학생 수 많고, 성적도 잘 나오는 과목을 선택해야 하니까요. 그래서 수시에서 원서를 쓸때는 Ⅱ과목까지 들은 생명과학, 화학을 전공과 연관지어 자기소개서까지 씁니다. 하지만 모두 학생부종합전형에 넣진 않습니다. 수학은 조금만 하면 될 것 같으니 몇 개는 논술전형으로 상향 지원을 해봅니다.

이렇게 수시 원서접수를 마치고 나면 어차피 수시에서 수능 최저학력기준을 맞춰야 하니 수능 공부에 올인합니다. 이렇게 수능시험 날까지 쉴틈없이 공부를 합니다. 수능시험을 본다고 끝난 것도 아닙니다. 수능시험 당일부터 논술학원에 등록합니다. 일주일, 이주일은 집중적으로 논술 공부를 합니다. 그리고 면접 학원도 등록해요. 학생부종합전형 1단계에서 합격한 학교 면접 준비를 해야하니까요. 그렇게 수능성적이 나올 때까지 면접고사도 보고 논술고사도 봐야 수시모집이 완전히 끝납니다. 이런 과정을 모두 거치고서도 수시모집에서 모두 떨어진 아이들만 모아 치르는 게 정시모집이에요. 정시모집은 수능 100%가 많지만 일부 면접을 보는 학교도 꽤 있어요. 결국 정시모집 합격발표가 진행될 때까지 아이의 입시는 계속됩니다.

내신 3등급 정도부터는 보통 수시에서는 논술이나 정시를 생각합니다. 수도권 대학은 논술과 정시를 합쳐 전체 인원의 20%를 조금 넘게 선발하니 단순히 숫자로만 봐도 쉽지 않은 게임이지요. 3년 내내 정말 열심히 공부했는데 정작 내가 가고 싶은 대학은 내 성적으로 지원을 할 수 없는 경우가 대부분이에요. 그러니 내신이 조금 부족하다 싶어도 학종을 포기할 순 없는 게 현실입니다.

이런 아이들에게 수시형, 정시형이라고 미리부터 낙인을 찍어 놓는 것은 의미가 없습니다. 수시만 준비했다가 '6개 모두 떨어지면 어떡하지?'하는 혹시 모를 상황까지 생각하고 입시준비를 해야 합니다. 정시만 준비하면 수시 6번의 기회를 미리 날리는 것인데 아깝지요. 열심히 공부했던 학생부가 아까워 학생부종합전형에 지원하기도 하지만 아무래도 너무 하향지원인 것 같아 논술고사에도 응시합니다. 논술고사나 면접이 있는 학생부종합전형은 대부분 수능 이후에 치르니 어떻게든 수능 이후에 공부하면 될 것 같으니까요.

실제로 수능만점을 받은 학생들은 대부분 이미 수시에 합격한 상태입니다. 인터뷰를 보면 정시로 지원했다면 원하는 학과에 1등으로 선발되었을 텐데, 아쉽지 않느냐는 질문이 고정인데요. 불안감 때문에 두 가지 모두 열심히 준비했다고 대부분 말합니다. 미리 수시, 정시를 정해 준비하는 건 오히려 공부에 방해가 된다고 말해요.

아이들이 정시에 올인하겠다고 하는 말은 중간, 기말고사에서 원하는 만큼 성적이 안 나와 자신에게 실망했다는 의미라고 해석해 주시면 좋겠습니다. 그냥 따뜻하게 안아주세요. 너무 진지하게 받아들여 미리부터 고민할 필요 없어요. '힘들었구나' '실망했구나' '어떡하니'

공감해주고, '어떤 결정을 하건 엄마는 끝까지 네 편'이라고만 얘기해주면 됩니다. 아마 그런 생각을 하는 아이들의 대부분은 다시 또 힘을 내서 다음 시험을 열심히 준비할 테니까요.

POINT

수시형, 정시형은 의미가 없다. 수시와 정시를 구분해 공부할 수 없는 현실이기 때문이다. 일단 최선을 다해 공부한 후 그 결과를 가지고 대입에 임해보자.

4

대입과 친해지기 1

본격적으로 대입공부를 시작하기 전에 대입 용어와 개념에 대해 익숙해지
면 이해하기가 한결 수월하겠지요. 대부분의 입시는 엄마도 아이도 초심자
잖아요. 가뜩이나 제도도 생소하고 어려운데 단어까지 알아듣기 어려우니
더욱 불안합니다. 여기서는 대입에서 많이 쓰는 개념, 용어 위주로 소개해
보았어요. 불안감이 한결 줄여들 거에요.

자 / 가 / 진 / 단

내 대입 지식은 얼마나 될까?

점수를 매길 필요 없는 OX설문입니다. 마음 속으로 답해보세요.

1.

☐ 학원 입시 설명회에 가본 적이 있다.

☐ 입시정보 카페에 가입되어 있다.

☐ 고등학교 엄마들 단톡방에 가입되어 있다.

☐ 입시 관련 유튜브를 구독 중이다.

2.

☐ 수시는 학종이다.

☐ 학생부 장수가 많을수록 학종에서 유리하다

☐ 내신만큼 중요한 것이 비교과다.

☐ 자연계라면 물리II를 듣는 게 학종에서 유리하다

☐ 정시는 무조건 하향으로 가야하니 수시에서 대학가는 게 유리하다.

☐ 학종을 준비하면 수능시험은 포기해도 된다.

☐ 책을 많이 읽으면 논술고사가 유리하다.

3.

☐ 학원이나 학교 설명회가 끝난 후 질문을 한 적이 있다.

☐ 입시정보 카페에 질문을 한 적이 있다. 혹은 답을 달아본 적이 있다.

☐ 단톡방을 실시간으로 확인하고 대화에도 참여한다.

☐ 수시, 정시의 차이를 설명할 수 있다.

☐ 학종, 세특, 자동봉진, 학추 같은 줄임말을 사용한다.

☐ 내신 등급의 기준을 알고 있다.

☐ 진로 선택과목, 고교학점제를 알고 있다.

☐ 대학의 입학처 홈페이지에 들어간 적이 있다.

☐ 대학의 입학전형 계획, 모집요강을 다운받아 읽어본 적이 있다.

☐ 대교협이 무엇인지 알고 있다.

4.

☐ 아이의 학생부를 확인하고 학교에 수정을 요청한 적이 있다.

☐ 아이의 학교 홈페이지에 들어간 적이 있다.

☐ 아이의 학교에 대한 정보를 학교알리미로 검색한 적이 있다.

☐ 아이의 고등학교 교육과정을 알고 있다. 선택과목에 대해 이야기를
　나눈 적이 있다.

☐ 아이가 듣는 과목의 편제와 교과에 대해 알고 있다.

☐ 아이가 듣는 과목명을 정확히 알고 있다.

☐ 아이가 듣는 과목의 인원수를 알고 있다.

첫 번째 질문은 대입에 대한 관심도에요. 대부분 그렇다고 답을 했을 것이라 예상되는데요, 이 정도만으로도 잘 하고 있는 거에요. 하지만 이 단계에서 멈춘다면 불안감만 커지고 도움이 되는 정보를 얻는 것은 쉽지 않아요.

두 번째 질문의 답은 그렇기도 하고 아니기도 한 이야기에요. 정답이 없는 질문이지요. 그런 아이들이 있기도 하지만, 그렇지 않은 아이들도 있다는 이야기에요. 엄마들이 가장 경계해야 할 것은 이해하기 편하게 간단하게 정리된 정보에요. 세상 모든 아이들이 똑같은 잣대로 평가될 리가 없다는 걸 잘 알지만, 쉽게 이해할 수 있는 것에 끌리는 것이 당연하지요. 공개된 입시정보는 대부분 일반화하기 어려운 자료에요. 그리고 많은 아이들에게 맞는 이야기라 해도 우리 아이에게 맞는 정보일 수도, 아닐 수도 있다는 사실만 잊지 마세요.

세 번째 질문은 엄마 스스로가 대학입시에 대해 어느 정도 지식이 있는 지 알아보는 질문입니다. 우리 아이는 세상에 하나 뿐인, 세상 누구와도 완벽하게 똑같지 않은 아이에요. 우리 아이에게 딱 맞는 대학, 전형, 학과는 우리 아이 본인과 엄마밖엔 찾을 수가 없어요. 엄마가 나서는 수 밖에 없습니다. 전문가도 많은데 내가 꼭 해야 하나 라고 생각할 수 있는데요, 이왕 엄마표 입시를 해보겠다 마음 먹었다면 꼭 해야할 일이에요. 학원 설명회나 블로그에 이해하기 쉽게 설명을 해놓은 자료가 거짓말은 아니지만 전부 진실도 아니에요. 입시정보가 양날의 검이라는 것을 늘 인식하며 정보를 검토해야 해요.

마지막 질문은 아이에 대해 얼마나 알고 있는가에 대한 질문이에요. 실제로 대입에서, 특히 학생부전형에서 가장 중요한 건 명확히 표시된 수치거든요. 이 수치가 어떻게 산정되어 우리 아이가 어느 자리를 차지하고 있는 것인지 명확히 아는 게 정말 중요해요. 하지만, 대부분 아이의 성적표에 나온 결과치만 보고, 평균 숫자로 공개된 정보와 비교를 하지요. 나쁜 방법은 아니지만, 그 중간 과정이 생략 되어있어요. 그 중간 과정을 명확히 알게 되면, 우리 아이에게 맞는 것을 좀 더 쉽게 찾아낼 수 있을 거에요.

POINT

대입정보에 대해 어느 정도 아는 지를 미리 정확히 파악하는 것이 중요하다. 요즘 대입은 정답이 없지만 경계해야 할 것이 많다. 그리고 무엇보다 중요한 것은 우리 아이에게 잘 맞는 것을 찾는 것이다.

비공식 용어 따라잡기

가. 학군지

학군지는 내신 경쟁이 치열하고 사교육을 많이 시키는 동네를 의미하는 말로 많이 쓰입니다. 강남 8학군에서 유래된 것으로 추정돼요. 강남 8학군은 고등학교 배정할 때 쓰는 서울의 학군 지도에서 8번째 학군을 이야기하는 건데요. 강남, 서초가 여기에 속합니다. 송파, 분당 쪽에 거주하는 학생들이 대치동 학원가에서 수강을 많이 해서 그런지 요즘은 그 동네 분들도 학군지라는 단어를 많이 쓰고 있어요. 보통 '학군지라 내신 3등급 받기도 힘들어' 같은 방식으로 활용해요.

나. 정시러, 수시러

딱 들어도 무슨 말인지 아시겠지요. 정시만 목표로 공부하는 수험생, 수시만 목표로 공부하는 수험생입니다. 정시러들의 특징은 자립형사립고(자사고), 학군지 고등학교를 다니는 아이들이 많다는 거에요. 우수한 아이들이 잔뜩 모여 있어서 내신 경쟁이 치열하다 보니 3등급 후반부터는 수시에서는 승산이 없다고 생각하여 정시 위주로 공부해요. 그렇다고 여섯 번이나 기회를 주는 수시를 포기할 수 없으니, 수시에서는 주로 논술고사에 응시하지요.

수시러들은 내신 경쟁에 자신감이 있는 아이들을 말합니다. 보통 학생부전형에 지원합니다. 학생부교과전형은 내신만으로 선발하니 1등급대 아이들이 대부분입니다. 반면 학생부종합전형은 비교과와 면접, 자기소개서(자소서)까지 포함하다 보니 2등급, 3등급 초반까지도 지원해요. 학생부종합전형은 고등학교 교육과정을 들여다보며 정성평가를 합니다. 그렇다보니 교육과정이 다른 특수목적고(=특목고/과학, 영재, 외국어, 국제고등학교)와 자사고 중에서도 전국단위 자사고가 유리한 편이에요. 사실 그동안은 고교 프로파일도 평가자료 중 하나였으니 교육과정 뿐 아니라 학교별 특징에 따라 다르게 평가하는 것이 일반적이었는데요, 2021학년도부터는 서류 평가 블라인드로 일반고와 교육과정이 비슷한 광역단위 자사고, 그리고 일반고에 속해 있는 학군지 아이들의 수시 합격률이 꽤 낮아졌어요. 앞으로 수시러, 정시러의 지각변동이 꽤 있을 거같아요.

다. 수시광탈

수시모집에서 빠른 속도로 탈락했다는 의미인데요. 수시는 여섯 개의 대학을 지원할 수 있어요. 그 중에서 학생부종합전형(학종)은 단계별로 전형을 진행하는 경우가 많습니다. 학종 1단계에서 6개 모두 떨어지는 수험생이 종종 있는데요, "우리학교 전교 5등이 이번에 수시광탈 했잖아. 너무 상향으로 썼나"정도로 활용합니다.

수시광탈에는 여러 가지 이유가 있겠지만 전형에 대한 이해가 떨어지는 경우가 가장 많아요. 예를 들면 대학에서 공개하는 입시결과를 보니 내가 원하는 전형, 원하는 학과 등록자의 작년 내신 평균이 3.0등급이라고 합니다. 그런데 나는 2.0등급이에요. 그러니 무조건 합격이구나 생각하고 원서를 접수한 거지요. 학생부종합전형은 자기소개서와 학생부의 비교과가 있고, 교과라도 지원한 학과와 관련된 내용을 살펴봅니다. 내신 성적으로만 선발하는 것은 아니지만 여섯 개 대학 모두 1단계에서 불합격한 거라면 어딘가에 빈 곳이 있었을 거예요.

라. 수시납치

수시와 정시를 모두 준비하는 아이 중에 수시에서 원치 않는 대학에 합격해서 정시에 지원할 수 없게 된 경우를 말해요. 수시에서는 합격만 해도 등록여부와 상관없이 정시에 지원할 수 없거든요. 그래서 울며 겨자 먹기로 수시에 합격한 대학에 등록하게 되는 경우를 보통 수시납치라고 부릅니다. '당했다'라는 동사와 씁니다. 부정적인 의미지요. '올해 수능 만점자가 수시납치 당했대. 만점 받고도 서울대를 못 갔어'와 같이 쓰여요.

원래 수시원서를 쓰는 정석은 상향지원 2개, 적정지원 2개, 안정지원 2개입니다. 정시 3개 원서도 비율은 마찬가지예요. 상향지원 1개, 적정지원 1개, 안정지원 1개입니다. 그래야 합격발표를 받고 나서 어떤 대학에 등록을 할까 고민하지 않고 바로 선택할 수 있어요. 일단 안정지원 대학에서 최초 합격을 받고 충원 발표를 기다리고, 상향지원 대학에서까지 충원 합격 발표를 들으면 잘 선택한 거지요.

하지만 수시와 정시를 함께 준비한 학생이라면 수시에서는 모두 상향지원을 쓰는 게 좋아요. 정시 응시를 하지 못해도 전혀 미련이 남지 않을 만한 대학에 지원해야 하는 거지요. 그래야 수시납치 당하지 않고 정시에 지원할 수 있어요.

왜 수시합격자는 정시에 지원할 수 없게 했을까요? 수시합격자가 등록을 취소하거나 미등록을 한 후 정시에 지원하면 어떤 혼란이 생길지 생각해 보면 이해가 될 거예요. 수시에 등록을 해놓고 정시에도 원서접수를 했는데, 하필 정시 최종 충원합격 발표날 합격되면 어떻게 될까요? 수시에서 등록한 대학에는 빈자리가 생기면 수시에서 아깝게 떨어진 학생은 어쩌나요. 그리고 그 빈자리를 채우는 것도 일이에요. 수시합격자들에게 이 문을 열어놓으면 이런 경우가 딱 한 명일 리가 없겠지요. 이런 규제를 하지 않으면 상대적으로 입학성적이 낮은 대학들은 타격을 받을 수 밖에 없어요. 애초에 수시모집에 지원할 때부터 신중하게 지원하라는 의미입니다. 수능공부를 병행하고 있고 수능시험에 더 자신이 있다면 수시원서 접수부터 신중하게 해야 해요.

마. 셀프학생부

자기 스스로 학생부를 작성했다는 의미입니다. 원칙적으로 학생부는 교사가 직접 관찰한 내용을 직접 작성해야만 합니다. 하지만 현실적으로 교사가 그 많은 아이들을 모두 관찰하기는 불가능합니다. 그래서 동료평가서, 자기평가서, 수업산출물, 소감문, 독서록 등에 한해 교사가 직접 관찰하지 않았더라도 예외적으로 참고자료로 쓸 수 있습니다. 물론 참고자료이긴 하지만 NEIS에서 학부모와 학생이 학생부를 쉽게 확인 가능한 시스템이다보니 교사들도 학생이 제출한 서류를 아예 무시하는 것은 힘든 일입니다. 특히 참고자료들을 잘 써서 제출하는 학생들은 그만큼 학생부에 관심이 많다는 의미이니 더욱 부담스러울 수 있지요. 이 부분을 셀프학생부라고 불러요.

바. 진짜 일반고

학군지의 반대말로 쓰여요. 내신경쟁이 상대적으로 별로 없는 일반고라고 해야 할까요. 부정적으로 쓰이는 경우가 많아요. 학습 분위기가 덜 경쟁적이거나, 정시에서 합격률이 높지 않아요. 수시를 대비한 비교과 프로그램이 별로 없는 학교를 가리킬 때도 쓰여요.

강남뿐 아니라 대도시에 가면 유명한 고등학교가 있잖아요. 대구 수성구에도 꽤 많고, 평준화가 되지 않은 제주도의 제주시도 그렇지요. 경기도에는 분당이나 용인, 과천도 있어요. 그런 유명 지역의 고등학교를 제외한 일반고를 의미합니다. 그래서 진짜 일반고에서 수능만점이 나왔거나 서울대 합격자, 의대 합격자가 나오면 뉴스거리가 됩니다. 공식적인 학교 분류법이 아니다 보니 대부분 '진짜 일반고'라는 이미지를 싫어해요. 나름대로 우리 동네는 학군지라고 생각하고 진짜 일반고와 선을 긋습니다. 이런 상황이라 우수한 학생들이 거꾸로 내신을 잘 받기 위해 진짜 일반고를 전략적으로 가는 학생들이 늘어나고 있다고 하네요.

공식 용어 따라잡기

가. 입결

입시결과의 줄임말이에요. 보통은 성적자료를 말하는데 수시에서는 학생부, 평균등급과 논술점수, 정시에서는 수능성적입니다. 요즘은 대학마다, 전형마다 반영요소의 반영비율이 달라요. 그럼에도 불구하고 모든 입결은 대부분 비슷한 표로 만들어져 있습니다. 전형별, 학과별 학생부 평균 등급, 혹은 수능백분위 평균 등급으로 표시되어 있습니다. 입시결과는 말 그대로 결과예요. 그런 학생을 선발하겠다는 의미가 아니에요. 하지만 숫자로 깔끔하게 정리가 되어 있으니 그 숫자가 굉장히 믿음직하지요.

예를 들어 학생부종합전형 최종 등록자의 학생부 평균을 보면 상위권 대학들도 보통 2등급~3등급까지도 넘나드는 경우가 허다합니다. 표준편차나 등급범위, 70%, 80% 선에 있는 아이를 보여주는 경우도 많고 학과에 따라 4등급, 5등급도 있습니다. 논술 입결은 등급범위가 더 넓어요. 그 자료만 보면 우리 아이도 학생부종합전형이나 논술로 충분히 상위권 대학 입학이 가능할 것 같아요.

그런데 학생부종합전형과 논술은 평가방법과 공개된 입결 환산방식이 달라요. 학생부종합전형은 비교과와 면접, 자기소개서가 들어갑니다. 공개된 결과인 교과도 실제 평가를 할 때는 그 숫자로 평가하지 않아요. 면접은 당락을 좌우하는 요소지만 입결에 반영되지도 않았습니다. 논술전형은 논술점수가 당락을 좌우합니다. 논술전형에서 학생부가 정량으로 반영된다고 하지만 실제로 학생부 점수를 계산해보면 논술 문제 한 문항 부분점수를 받는 것이 등급 0.1점 올리는 것보다 훨씬 쉽습니다. 결국 공개한 정보는 실제 평가한 정보가 아니에요. 그냥 그런 학생들이 들어왔다는 것을 알려주는 결과일 뿐입니다.

또 대학마다 공개하는 자료의 계산방식이 다릅니다. 어떤 학교는 모든 과목을 평균 내고 어떤 학교는 학년별로 가중치를 주기도 해요.

어떤 학교는 주요과목만 뽑아 학년별 가중치까지 넣어 계산한 결과를 공개해요. 하지만 입결에는 어떤 정보를 활용했는지 표시하지 않는 경우가 대부분이에요. 결국 입결은 그냥 참고자료일 뿐, 무조건 우리 아이에게 적용할 수 있는 기준이 아닙니다!

나. 서류기반면접, 예시문면접, MMI

면접의 종류입니다. 서류기반면접은 학생이 제출한 서류 안에서만 질문을 하는 면접을 의미합니다. 그러니 학생부와 자기소개서에서만 질문을 할 수가 있어요. 요즘은 면접 준비할 때 본인의 학생부를 공부하라는 조언이 기본입니다. 자신의 학교생활을 기록한 것인데 공부를 하라니 말도 안 되는 이야기 같지만 일면 맞는 말입니다. 요즘 학생부는 기본이 30장 이상인데다 교사가 작성한 것이라 본인 이야기라도 잘 모르는 부분이 있습니다. 학생부종합전형은 주관이나 평가기준이 다를 수 있기 때문에 본인의 학생부를 꼼꼼하게 숙지하는게 필수입니다. 본인의 학생부에 대한 질문을 했는데 못 알아들은 경우에는 서류 진실성에서도 점수가 깎일 수 밖에 없습니다. 지원한 대학에 본인이 다니는 고등학교에 대한 불신감을 심어줄 수도 있습니다.

제시문 면접은 말 그대로 제시문을 보고 답을 하는 면접입니다. 입학사정관제도 시절에는 학종에서 모든 학과가 전공관련 제시문 면접을 보는 게 일반적이었습니다. 전자공학과라면 물리II 교과 관련 문제를 내고 전공적합성을 보는 거지요. 그래서 면접에서 뒤집히는 경우가 꽤 많았어요. 하지만 사교육을 부추길 수 있다는 비판을 받고 없어졌어요. 요즘은 의대, 치대, 간호대 등 윤리의식, 사명감이 중요한 학과에 한해 학생부종합전형에서도 인성면접을 추가로 볼 때 사용합니다. 특징은 정답이 없다는 것입니다. 예를 들면 '배가 침몰하는데 구명보트에는 10명밖에 태울 수 없다. 누굴 태울 것인지 결정한다면?' 이런 식이예요. 혹은 학생부교과전형에서 아주 낮은 비율로 면접이 포함되어 있을 때도 사용합니다. 코로나19의 영향으로 2021학년도부터 온라인 업로드 면접이 본격적으로 시행되기 시작했는데 제시문 면접으로 많이 진행되었습니다. 면접 제시문을 온라인에 공지하고 그 답을 녹화하여 클라우드에 업로드하는 형식이었어요.

의대를 준비하는 학생이라면 MMI라는 말 많이 들어봤을 겁니다. 다중미니면접(Multiple Mini Interview)의 약자로 수험생 한 명이 릴레이처럼 두 개 이상의 방을 이동하며 면접을 치르는 방식입니다. 제시문을 읽고 들어가 짧게 대답하고 나오는 인성문제만으로 구성된 방만 이어져 있는 경우도 있고 인성, 지성(전공지식), 서류기반 방이 나뉘어 진행되는 경우도 있습니다. 보통 서류기반과 제시문을 합쳐 진행되는 경우가 많습니다.

서류기반, 제시문, MMI 종류와는 상관없이 면접에서 중요한 건 짧은 시간에 정확하게 자신의 생각을 정리해 표현하는 능력이에요. 머릿속에 지식이 가득 들어 있다고 해서, 말하는 능력이 아주 뛰어나다고 해서 면접에서 좋은 점수가 보장되는 것은 아닙니다. 면접 준비를 위해서는 내 생각을 가지는 것, 다시 말해 내 생각을 정확히 표현하는 것을 평소에 연습하면 좋아요. 휴대전화로 동영상 촬영을 한 후 직접 모니터를 하면 혼자서도 충분히 연습이 가능하지 않을까요.

다. 정량평가, 정성평가

정량평가는 환산식을 가지고 계산하는 평가방법입니다. 정량평가 전형은 모집요강에 환산식이 나와있습니다. 학생부교과전형, 논술전형의 학생부반영, 정시수능위주전형은 정량평가에요. 내 점수를 정확히 환산해서 미리 알 수 있어요.

정성평가는 평가자를 교육해서 평가자의 역량으로 평가하는 거예요. 학생부종합전형과 논술전형의 논술점수는 정성평가입니다. 학생부종합전형은 환산식이 없어요. 내 점수를 미리 예측하기 어렵습니다.

정량평가라 해도 미리 환산해 보는 것이 의미가 있긴 하지만, 보통 지난 입시결과를 가지고 비교해 보잖아요. 너무 소숫점까지 정확히 비교할 필요는 없습니다. 어차피 우리 아이가 치를 입시와는 다른 경쟁자들이니까요. 참고만 하면 됩니다.

라. 미충원, 미달, 정시 이월, 추가모집

미충원은 모집인원을 모두 선발하지 못했다는 의미에요. 미충원은 수시, 정시, 추가모집까지 모두 생깁니다. 보통 중상위권대학의 경우 충원발표 마지막 날 먼저 등록한 대학에 미처 등록취소를 하지 못했을 때 생기는 빈자리가 대부분입니다. 예비순위자가 뒤에 있어도 미충원이 생기는 일이 많아요. 미달과는 조금 다른 이야기지요.

미달은 충원할 인원이 아예 없을 경우에 발생합니다.

수시모집 충원 마지막 날에 미충원 자리가 채워지지 않으면 정시로 빈자리가 이월되고 정시에서도 마지막 날에 빈자리가 생기면 추가모집을 하거나 그냥 빈자리로 남아요. 예비순위자 입장에선 황당하지요.

수시 미충원 정시 이월은 수시의 정원내 전형 중 채워지지 않은 인원만 정시의 정원내 전형으로 이월 되는 거에요.

예를 들면 수시 학생부교과전형 국어국문학과에서 미충원이 발생하면 정시 일반전형1의 국어국문과로 이월되는 거지요.(간혹, 정원외 전형도 이월 되긴 하는데 모집요강에 명시 되어 있을 경우입니다) 이월은 같은 모집단위 안에서만 이루어집니다. 수시 의학과는 정시 의학과로만 이월이 가능해요. 수시모집 전체 학과의 미충원이 100명이지만 의학과에 미충원이 0명이라면 정시 의학과에 이월되는 인원도 없는 거지요. 그리고 같은 모집에서 전형간 이월도 불가능합니다. 같은 수시모집, 같은 모집단위라도 한 전형은 예비순위자가 없는데, 한 전형은 예비순위자가 남아있어요. 그래도 예비순위자가 없는 미충원 모집단위는 무조건 정시로 이월합니다. 의학과 학생부종합전형에서 미충원이 있다고 의학과 논술전형에서 인원을 채우지 않는다는 겁니다. 우리 아이는 의학과 논술전형에서 예비번호를 받고 수시가 끝났는데 같은 모집단위 의학과 정시로 이월된 인원이 있으면 이상하다고 생각할 수 있지만 모두 이런 원칙에 따른 것입니다.

마. 입학안내, 모집요강

두 가지 모두 각 대학의 입학처에 올라가 있는 입시 관련 책자이지만, 입학안내와 모집요강은 다른 책입니다.

입학안내는 입학전형 시행계획이라고 표시하기도 하는데 한 해의 입시 전체를 안내하는 책자로 2년 전에 미리 발표합니다. 현 고등학교 2학년의 입시를 미리 안내하는 자료에요. 2021년 8월 현재에는 2023학년도 입학안내가 입학처 홈페이지에 올라가 있을 거예요. 전형, 전형별 모집인원, 전형별 반영요소, 반영비율 등이 포함되어 있어요. 그러니까 고등학교 2학년이 되고 4월 쯤엔 내 아이가 치를 입시 제도를 미리 알 수 있다는 의미인 거죠. 시행계획에는 수시, 정시, 재외국민 전형(대부분 인원만)까지 다 공지되어 있어요.

모집요강은 모집시기별로 만들어서 수시모집요강, 정시모집요강을 따로 발표해요. 추가모집이 있는 대학은 추가모집요강이 또 있겠지요. 모집요강은 수시는 고등학교 3학년 5월 경, 정시는 그해 9월 경에 대학 홈페이지에 발표합니다. 2021년 8월 현재, 2022학년도 수시모집요강이 입학처 홈페이지에 올라가 있을 거예요. 각 전형별로 자격기준을 고등학교 종류별로도 나눠서 알려주고 학과별 인재상, 면접이나 서류평가의 평가표 내역, 배점비율, 각 전형별, 학과별 동점자 처리기준, 장학금, 학사제도 등등 아주 자세하게 나와 있어요.

대학입시 시행계획이 읽기도 편하고, 한권에 수시정시가 다 들어가 있으니 보기는 편해요. 그래서 시행계획을 먼저 읽은 후 모집요강을 읽는다면 훨씬 이해가 빠르겠지요. 그래도 모집요강을 더 많이 보길 권장합니다. 입시에 대해 정말 공부가 많이 되거든요. 지금은 모집요강의 목차까지도 대교협에서 관리하기 때문에 대부분의 대학이 목차도 비슷합니다. 그래서 대입이 너무 생소하다 싶은 분은 관심 있는 대학 일단 딱 하나만 집어서 모집요강 최소 3회독만 해도 입시공부를 충분히 하실 수 있어요.

바. 대학별 고사

대학별고사는 대학별로 다르게 진행되는 시험을 의미하는데요, 학생부나 수능성적처럼 표준화된 점수를 쓰지 않고 대학이 자율적으로 치르는 시험이에요. 면접, 논술고사, 적성고사, 실기시험 등을 의미해요. 그동안은 무조건 대면으로 이루어졌어요. 코로나19의 영향으로 언택트 시대로 갑자기 넘어가면서 타격을 많이 받은 평가형태에요. 대학별 고사는 이 점수로 당락을 좌우하는 시험이 대부분이고 문제가 미리 공개되지 않는 게 원칙이었어요. 고사 당일 현장에서 모든 수험생에게 동시에 문제가 주어지면 한정된 시간동안 문제를 얼마나 잘 해결하느냐가 평가의 기준이었지요. 그리고 수험생이 그 문제를 해결할 때 공정성 유지(부정행위 방지)를 위해 감독자나 평가자가 직접 수험생을 감독하는 시험이었어요.

2021학년도 입시부터는 코로나 방역으로 '대학별고사'라는 단어가 뉴스에 많이 등장했지요. 문제는 이 대학별 고사가 당락을 좌우하는 아주 중요한 요소다보니 아무리 팬데믹 상황이라도 입시 공정성을 유지하려면 비대면으로 진행할 수가 없는 거지요. (수능시험도 대면으로 치러진 것을 보면 이해하시겠지요) 입시에서는 비대면이 우세이지만 면접은 조금 달라졌어요. 면접 형식이 다양해졌어요. 대면면접이 여전히 진행되긴 하지만 마스크를 쓰고 페이스실드까지 착용하고 면접을 해요. 그런 상황에서 면접 내용도 중요하지만, 마스크를 하고도 큰소리로 숨차하지 않으며 말하는 능력도 중요해졌지요.

온라인(비대면) 면접도 다양해졌어요. 학교로 출석해 면접관과 수험생이 각기 다른 방에서 면접을 하는 '출석 비대면'을 하기도 하고, 장

소와 상관없이 일정시간 접속해서 면접을 진행하는 '비출석 비대면'도 있어요. 온라인으로 공개한 문제에 대한 답을 녹화한 문제를 클라우드에 업로드하는 방식도 있지요. 우리아이에겐 어떤 방식이 유리할지, 앞으로 또 어떤 방식의 시험이 생길지 예상해 보는 것도 입시 준비하는데 도움이 될 거예요. 다만, 이렇게 비대면으로 바뀌는 상황이 되면 공정성 문제로 면접의 영향력이 많이 낮아질 거에요.

사. 단계별 전형, 일괄 전형

단계별 전형은 단계별로 합격자를 선정해 발표해 순차적으로 진행하는 방식입니다. 대부분 2단계로 진행되는데 1단계에서 서류전형, 2단계에서는 면접을 보는 경우가 많아요. 혹은 1단계에서는 수능성적, 2단계에선 면접이나 서류전형을 치르기도 해요. 2단계는 1단계 합격자만 응시할 수 있어요. 반면 일괄 전형은 모든 지원자가 모든 전형에서 평가를 받아요. 똑같이 전형요소에 서류평가와 면접이 포함되어 있어도 단계별 전형은 서류평가 합격자만 면접을 볼 수 있어요. 반면에 일괄 전형은 모든 지원자가 서류평가·면접평가를 받는 거지요.

단계별 전형은 1단계에서 불합격하면 2단계 평가를 받지 못하니,

1단계 불합격자는 예비 순위도 받을 수 없어요. 반면에 일괄 전형은 지원자 모두 평가를 받기 때문에 자격미달자만 아니면 모두 예비 순위를 받을 수 있어요. 단계별 전형에서 1단계 합격자가 되면 2단계에서 순서가 바뀌는 경우도 종종 있다 보니 2단계 전형이 본인에게 유리한 경우(보통 면접 전형)는 1단계 합격이 가능하다면 단계별 전형이 유리할 수 있어요.

수시납치가 고민되는 정시러의 경우는 일괄 전형보다는 단계별 전형에 지원하는 게 낫습니다. 대부분 2단계 전형은 수능시험 이후에 진행되어 수능시험 결과를 보고 2단계 응시여부를 결정하면 되거든요. 2단계 평가를 받지 않으면 불합격 처리가 되니 정시에 마음 편하게 지원할 수 있어요. 하지만 일괄전형은 대부분 서류전형이라 합격을 하면 정시에 지원할 수가 없거든요.

아. 모집단위

신입생을 모집하는 한 개 단위라는 의미입니다. 보통은 학과를 의미하지만 학과와 다른 경우도 종종 있어요. 예를 들면 학과 안에 전공이 여러 개일 경우 전공단위로 학생을 선발할 수 있거든요. 반대로 단과대학이나 학부를 하나의 모집단위로 합쳐 선발하는 경우도 있어요. 컴퓨터공학과 안에 AI전공, SW전공으로 나눠 선발한다거나 컴퓨터공학과와 정보보안학과를 합쳐서 IT학부로 선발하는 것을 예로 들 수 있어요.

자. 공통원서

대학입학원서는 두 파트로 구성되어 있어요. 공통원서와 대학별 원서인데요. 공정성과 전형 간소화 등의 목적으로 대교협(대학교육협의회)에서 공통원서라는걸 만들었어요. 인적사항 등 개인정보나 자기소개서의 공통문항은 공통원서에 작성해요. 추가로 대학별 원서를 작성합니다. 실제로 작성할 땐 직관적으로 잘 만들어놔서 인식할 사이도 없이 자연스럽게 완료 가능해서, 실제 원서접수를 완료했어도 잘 모르고 넘어가는 경우가 대부분이에요. 다만 공통원서는 인적사항이라 한번만 작성하면 되지만 자기소개서의 공통항목은 대학별로 다르게 작성이 가능해요. 혹은 같은 대학을 지원했어도 모집단위에 따라 다르게 작성할 수도 있어요.

5

대입과 친해지기 2

이제 각 전형별 특징을 알아볼 거에요. 각 전형별 장단점을 설명할 건데요,

시기에 따라 장점이 단점이 되기도 하고 단점이 장점이 되기도 합니다.

이름에서 알 수 있듯 수시(隨時: 일정하게 정해 놓은 때 없이 그때그때 상황에 따름)는 원래 입시에서 보조적인 역할이었어요. 정식 대학입학시험인 수학능력시험의 잣대로는 가늠하기 어려운 능력을 가진 틈새시장의 아이들에게 대학 입학의 기회를 주는 것이 목적이었지요. 재외국민과 외국인 특별전형, 농어촌학생특별전형 등과 비슷하게 만든 거라 보면 됩니다. 다만 특별한 자격기준이 아닌 성적 외의 능력을 보겠다는 의미였어요.

초기에는 정시가 대부분이었기 때문에 수시모집은 대학별로 좀 더 다양한 방식으로 학생을 선발했어요. 외국어능력만으로 선발하거나 면접만으로 선발하기도 했어요. 현재의 특기자전형이 수시모집의 선조 격이라고 생각하면 돼요. 이제는 이름과는 달리 수시가 주된 전형이 되었고 정시는 보조하는 역할을 하게 되었지요. 무엇보다 학생부를 대입의 잣대로 활용하는 전형의 비중이 계속 높아지고 있어요. 우리나라 교육제도가 완전히 뒤바뀔 만큼 큰 계기가 생기지 않는 이상 이 기조는 바뀌지 않을 것 같아요. 정시에서도 학생부 정성평가를 포함하려는 움직임이 생기기 시작했으니까요. 그럼 전형별로 자세히 알아볼게요.

학생부교과전형

2022학년도부터 학생부교과전형이 학교장추천전형으로 많이 변경되었어요. 이미 사교육 시장에선 '학추'라는 줄임말을 사용하고 있어요. 추천전형이니만큼 대학별로 추천인원이 정해져 있는 경우가 대부분이에요. 고등학교에서 추천서를 받기 위해 미리 경쟁을 하니 오히려 대학에서의 경쟁률은 낮아질 가능성이 높아요. 고등학교에서는 등급에 따라, 대학별 선호도에 따라 추천서 개수를 조절하겠지요. 그러니 상대적으로 졸업생(N수생)은 불리할 수 있어요. 추천서 개수가 정해져 있으니 재학생을 우선 추천할테니까요. 결론적으로는 2022학년도부터 학생부교과전형의 경쟁률은 낮아질 것으로 예상됩니다. 경쟁률이 낮아지면 커트라인도 낮아지겠지요.

정량평가인 만큼 과목별, 학년별 평가기준이 명확해서 내 환산점수를 정확히 알 수 있어요. 수능처럼 미리 내 환산점수를 정확히 계산해 볼 수 있는 거지요. 문제는 비교할만한 입시자료가 거의 없어요. 보통 대학에선 합격자 선발을 위해 100점 만점으로 환산합니다. 그런데 99점, 98.4점 같은 숫자로 자료를 공개하면 수험생들이 참고하기 어렵겠지요. 결국 수험생이 보기 좋게 등급점수로 입시결과를 공개합니다. 기계공학과 등록자 평균 등급 2.75 같은 식으로 평가방법과는 다르게 통계를 내어 입시결과를 공개합니다. 평가 방법과 다른 데다 어차피 참고자료로 만드는 것이기 때문에 환산비율을 맞추거나 학년별 반영 비율을 맞춰 소숫점까지 자료를 만드는 대학은 많지 않을 거예요. 내 수준이 어느 정도인지 가늠정도 가능해요. 그리고 2022학년도부터는 진로선택과목의 반영여부, 계산방법이 대학마다 달라요. 그 부분도 놓치지 않고 봐주세요. 계산법에 따라 진로선택과목이 모두 A라도 성적이 되려 낮게 환산되는 경우가 많거든요.

학생부교과전형은 고등학교의 학력 격차가 고려되지 않고(일반적으로는 그렇지만 조금씩 바뀌고 있어요) 비교과도 포함되지 않아요. 오직 숫자로만 계산하여 평가합니다. 그래서 주요과목을 듣지 않거나 성적을 받기가 상대적으로 쉬운 학교 출신자(특성화고, 위탁생들 등)의 지원 제한이 있어요. 대입에서는 웬만한 전형은 자격기준 제한을 할 수 없게 해놓았는데, 이런 상황 때문에 학생부교과전형만큼은 출신학교에 따라 자격제한을 걸어두는 경우가 많아요.

또, 수능 최저학력기준이 있는 대학이 대부분이라 수능의 결과에 영향을 받아요. 문제는 수능 최저학력기준은 등급으로만 가능해서, 수능 응시인원에 영향을 받아요. 등급은 비율로 산정하니 수험생수 가 줄어들수록 등급받기가 어려워진 거지요. 중상위권은 응시 인원 수로 등급이 갈리는 일이 종종 있거든요. 수험생이 아주 많았을 땐 등급으로 가르는 게 수험생에게 유리하니 이렇게 만들어 놓은 건데 요. 수험생이 급격하게 줄어들면 오히려 불리해집니다. 대입은 가능 하면 수험생에게 유리하도록 규정이 변경되니 앞으로 수능 최저학력 기준이 바뀔 수도 있지 않을까 싶어요.

또, 고등학교 교육과정의 변경으로 평가방법의 변경도 자연스럽게 이어질 거에요. 고등학교에서 교과 평가방식이 점차 절대평가로 변하 고 있거든요. 2015교육과정부터 진로선택 과목을 만들어 절대평가를 하고 있어요. 80점 이상이면 모두 A, 60점 이상은 모두 B, 나머지는 C로 성적을 줍니다. 요즘은 많은 고등학교가 석차를 알려주지 않는다고 하는데, 이렇게 절대평가과목이 늘어나면 아예 석차자체가 없어질 거에요. 2025학년도 고1학생부터는 대부분 절대평가 과목이 될 예정인데요, 학생부교과전형이 지역균형 선발전형이 되면서 점차 인원을 늘려가는 분위기 속에서 평가방법이 어떻게 변할지 궁금하네요.

학생부종합전형

대입의 다양성, 대학의 자율성을 높여준 전형이에요. 줄임말로 '학종'이라고 불러요. 양날의 검을 가진 전형이지요. 다양성, 자율성 존중이 반대로 불확실성을 높여놨어요. 학생부종합전형은 말 그대로 학생부를 종합적으로 평가하는 전형입니다. 그리고 좀 더 명확히 표현하자면 숫자로 표현되지 않은 수험생의 성과를 숫자로 변경해 순위를 매기는 전형이에요. 평가자들의 손에 모든 것이 달려있는 전형이지요.

초기에는 증빙서류, 교사추천서, 고교 프로파일, 자기소개서, 학생부(교과, 비교과)를 모두 봤어요. 그러다가 위의 순서대로 하나씩 없어집니다. 해가 거듭될수록 제출자료가 과도해졌거든요. 증빙서류가 A4 용지 박스분량으로 오기 시작했어요. 그래서 15매이하라고 제한을 하니 양면인쇄, 축소복사를 하는 사례가 늘었습니다. 해마다 새로운 사례가 생기면서 규정을 잘 지키는 아이들이 상대적으로 불리해 졌고 결국 증빙서류를 전면 없앴습니다. 교사추천서는 어땠을까요? 당연히 좋은 이야기만 있어요. 변별은 전혀 되지 않으면서 교사업무가 과중된다는 의견이 많아 체크박스 형식으로 만들었는데 더 변별이 되지 않았어요. 그래서 대부분의 학교가 교사추천서도 폐지했어요. 그러다가 2021학년도부터 고교 프로파일이 없어졌지요. 자기소개서는 기재금지항목이 점점 늘어가고 있고 2022학년도부터는 문항이 4개에서 3개로 줄었어요. 글자 수도 축소되었어요. 2024학년도 입시부터는 자기소개서가 아예 없어질 예정이에요. 학생부도 비슷해요. 기재가 안 되는 내용, 대학에 제공되지 않는 내용이 점차 늘어가고 있어요. 그럼 교과의 중요성이 높아지겠지요. 게다가 내신의 절대평가 과목 비율이 높아질수록 학생부종합전형만큼 적당한 평가방법이 없겠지요.

또 하나의 특징은 합불여부를 어느 누구도 미리 점치기가 어려워요. 과목별, 학년별로 내신을 어떻게 반영하는지 같은 기준이 없어요. 대학별 고사라는 단어를 설명했는데, 학생부종합전형은 거기에서 한 걸음 더 나아가 '평가자별 고사'라고 해도 과언이 아닐만큼 평가자마다 다르게 평가하는 전형이에요. 그래서 가고 싶은 대학의 입학사정관에게 일대일 입시상담을 받고 그 조언을 그대로 다 따랐다고 해서 합격이 보장되는 건 아니에요. 어차피 평가자가 다르면 결과가 다를 가능성이 높거든요. 아니 우연찮게 상담받은 입학사정관에게 평가를 받았다 해도 평가 당시의 마음과 입시 상담할 때의 마음이 다를 수 있어요. 그러니 본인의 소신이 가장 중요한 전형이에요.

학생부종합전형의 변수는 평가자뿐이 아니에요. 면접이 있는 전형은 면접으로 합불이 갈리는 경우가 많으니까요. 하지만 코로나19로 2021학년도부터 비대면 면접을 많이 치르는 바람에 면접의 비중이 많이 줄었습니다. 특히 녹화한 파일을 온라인에 업로드하는 면접은 부정행위의 여지가 많아 Pass/Fail 형태로 밖엔 쓸 수가 없어요. 대면 면접을 하더라도 마스크나 페이스실드를 하고 면접을 하다보니 의사소통이 쉽지 않았지요. 이런 영향으로 면접의 중요성이 꽤 낮아지긴 했지만 여전히 변수가 많은 것은 학생부종합전형의 특징입니다.

학생부종합전형에서는 옆 친구가 다 경쟁자예요. 가장 큰 단점입니다. 내신은 상대평가인데, 옆 친구를 이기지 않으면 내신을 잘 받기 어렵지요. 그래서 고등학교 내내 늘 긴장하며 일상을 보내야 해요. 물론 안 그런 아이들이 많지만 마음 깊은 곳에선 내 경쟁자라는 생각을 안 할 수가 없는 구조예요. 심지어 다 같이 시험을 잘 봐서 만점이 4%를 초과하면 그 과목의 1등급이 없어집니다. 100점을 받아도 2등급이 되는 거지요. 다 같이 열심히 잘하는 게 오히려 단점이 되는 거예요. 그러니 다 같이 잘하는 게 오히려 이상한 전형이 학생부(교과, 종합) 전형입니다. 학원만 가도 다른 학교 친구들과 더 어울린다고 하네요. 그게 아이들도 마음이 편하니까요.

모든 전형이 그렇겠지만 학생부종합전형은 고등학교생활을 내내 열심히 해야 합니다. 학생부에 담겨있는 모든 내용이 다 평가에 반영되니까요. 그래서 학교생활 내내 한시도 긴장을 늦출 수 없어요. 수행은 내신에도 포함되고 세특에도 반영되니까 진짜 열심히 합니다. 특히 지필고사가 부족하다 싶은 학생들은 수행으로 어떻게든 메꿔보려고 더 열심히 합니다. 장기전에 강한 학생이 유리한 거지요. 한번 망친 시험은 다시 원상복구가 되지 않고, 다음 기회란 없어요. 그래서 학군지 아이들은 고등학교 때 사춘기를 겪는 애들이 거의 없다고 해요. 감정 기복이 있으면 안 된다는 것을 본인도 잘 알고 있으니까요.

학생부종합전형의 경우 대부분 수능 최저학력기준이 없어요. 그래서 수능시험의 영향을 덜 받아요. 요즘은 수능 응시인원이 점차 줄어 등급받기가 상대적으로 어려워지고 있어요. 그렇다보니 장점이 될 수 있지요. 하지만 반대로 수능 최저가 있는 것이 더 유리한 아이라면 단점이라고 생각할 수도 있지요. 보통 중상위권은 수능이나 내신이 비슷한 경우가 많아서 무조건 부담 없다고 좋아할 게 아니라 수능 최저 유무가 우리 아이에게 유리한지 불리한지 잘 살펴보면 좋겠어요.

자기소개서가 있어요. 학생부는 교사의 눈으로 본 수험생이라면, 자기소개서는 평가자들에게 수험생이 직접 말할 수 있는 유일한 통로였어요. 그래서 양이 많은 학생부에서는 눈에 잘 띄지 않지만 수험생 자신에게는 의미 있는 일을 강조할 수 있고, 평가자들에게 학생부를 다시 살펴볼 수 있는 가이드가 될 수 있는 기회였어요. 하지만 2023학년도부터는 자기소개서를 폐지했지요. 그런 기회가 없어졌는데도 대부분 학생들은 안도하는 분위기입니다. 이유는 자소서 때문에 억지로 했던 비교과활동을 이제 안 할 수 있으니까요. 자기소개서는 학생부에 기재된 내용, 고교에서 허락한 내용만 기재할 수 있어요. 그렇다보니 자기소개서에 쓸 내용이 고교생활과 연계가 되어버린 거지요. 그래서 거꾸로 자기소개서 때문에 학교 활동이 휘둘리는 경우가 생겨 폐지까지 간 것 같아요.

면접 없는 학생부종합전형이 늘어가고 있어요. 게다가 코로나19의 영향으로 전염병 예방, 방역을 위해 점차 면접의 영향력이 낮아질 가능성이 높아요. 하지만 면접이 아예 폐지되는 일은 없을 거에요. 면접 평가만의 특징이 있으니까요. 그렇다면 면접이 없는 전형에 유리한 학생은 어떤 학생일까요? 학생부에 적힌 내용만으로 그 전형, 그 학과에 맞는다는 것을 충분히 보여준 학생입니다. 보통 숫기가 없거나 내성적인 학생이 면접에서 불리하다고 생각하지만 조금 달라요. 면접이 있는 전형이 유리한 학생은 학생부나 자기소개서만으로는 나를 충분히 보여주기 어려운 학생인 거지요.

또한 수시의 메인 전형인 만큼 선발인원이 많아요. 정시 모집인원이 40% 이상 늘어났다고 해서 학생부종합전형의 선발인원이 줄어들진 않았어요. 논술고사, 적성고사를 줄여서 정시를 늘리라는 것이 권고의 핵심이거든요. 학생부종합전형은 선발인원이 많은 만큼 지원자 입장에서는 부담이 덜하겠지요. 학종은 전체 모집단위의 50%까지도 선발하니 모집단위별로 선발인원이 꽤 넉넉합니다. 그래서 상대적으로 마음 편하게 지원할 수가 있어요. 또 그만큼 충원인원도 꽤 됩니다.

수시에서 수능 최저학력기준이 없는, 전형응시자는 수능 안 봐도 돼요!

수능 최저학력기준이 없는 전형에 응시했을 때에도 수능시험 응시 여부가 당락에 영향을 끼칠 수 있다는 이야기가 있어요. 사실이 아닙니다. 수시 원서접수를 할 때 수능성적 제공 동의를 하지 않았다면 대학에서는 학생의 수능 응시 여부 조차도 알 수 없어요. 혹시라도 장학생 선발을 위해 수능성적을 제공하겠다고 동의했다면 정말 장학생 선발을 위한 다운로드만 가능해요. 그리고 장학생 선발을 등급으로 하지 않는 이상 해당 수능성적은 정시 진행기간에나 가능해요. 수시모집 기간에는 등급자료만 다운로드가 되거든요.

수시모집에서 수능 최저학력기준이 없는 전형만 응시하였고, 정시모집에 지원할 계획이 없다면 수능시험을 안 봐도 전혀 문제 없습니다!

학종의 비밀

학종은 산출식이 없어요.

학생부종합전형은 평가자가 학생부 전체를 살피며 두루두루 평가
하는 거에요. 그럼 대학에서 공개하는 전년도 입시결과는 무엇이냐
고요? 전형 학과별로 합격자, 등록자의 학생부 성적을 통계낸 결과
에요. 그래서 환산하는 기준이 대학별로 천차만별입니다. (하지만 정확
히 어떻게 나온 수치인지 표기하지 않아요) 똑같이 평균이 2.0이라해도 모든 과
목을 학년별 가중치 없이 모두 평균을 낼 수도 있고 학년별로 가중치
를 넣을 수도 있습니다. 자연계열 국영수과, 인문계열 국영수사 정도
로 주요 과목만 뽑아서 낼 수도 있는 거에요. 교과전형 산출식 기준

으로 낸 평균 등급으로 공개를 할 수도 있어요. 학생부종합전형은 평가방법이 정해진 것이 없으니 입시 결과 자체가 어떤 기준이든 큰 의미는 없지만 아예 비교할만한 자료가 없는 것보다는 불안감이 한결 줄어드니 공개하는 거에요. 딱 그 정도의 참고자료에요. 고등학교 종류에 따라 내신의 분포가 어떻게 다른지 아시잖아요. 일반고가 대부분이긴 하지만 특목고, 자사고, 특성화고 모두 포함되어 있어요. 내신 성적이 없는 검정고시, 해외고 출신도 소수지만 통계에서 누락되어 있는 거에요. 그리고 일반고라고 해도 학력차가 없는 것도 아닌데 이를 전부 무시하고 만든 자료지요. 결국 아쉽게도 다 감안하고 나면 사실 철썩같이 믿을만한 숫자가 아니랍니다.

학종에서 입시정보

학생부종합전형에서는 입시정보를 많이 아는 게 아무 것도 모르는 것보다 못할 수 있어요. 학생부종합전형은 평가자별로 결과가 완전히 달라질 수도 있는 전형이니까요.

학생부종합전형 평가를 직접 참여했다는 입학사정관, 혹은 컨설턴트가 해주는 이야기가 온라인에 많이 등장해요. 동영상도 있고 자료로도 많이 돌아다녀요. 최근까지 평가를 직접 했거나 명문대에 합격하는데 도움을 주었다는 이야기가 아주 많아요. 모두 사실이에요. 그렇다고 그 이야기를 무조건 일반화하는 건 금물이에요. 단 한명의 사례가 대부분이니까요. 평가자 개인의 잣대입니다.

그리고 모든 평가자들은 동등하게 평가권을 가지고 있어요. 기관장을 맡았다고 해서 평가권을 10개씩 가지고 있지 않아요. 직접 평가한 사례를 이야기해도 결국은 평가자 개인의 사례인 거지요.

결국 사례에 등장하는 아이는 특별한 아이 한 명일 뿐입니다. 그 아이의 주요한 특징에 대해서만 설명할 뿐 모든 것을 다 설명해주지 않잖아요. 같이 평가한 평가자(보통 2인 이상 평가를 합니다)의 평가는 모르는 거고요. 학생부종합전형은 철저한 평가자 고사에요. 물론 평가기준의 일관성을 유지하기 위한 노력을 하고 있지만, 평가자의 역량에 맡긴 평가방식이기에 평가자별로 결과가 완전히 일치되는 건 거의 없다고 보면 됩니다. 평가자 간 점수 격차가 클 경우 조정하는 절차가 공식적으로 있는 전형이에요. 그리고 그 조정은 공정성을 지키기 위해 제 3자가 합니다. 평가자들이 직접 할 수 없게 되어 있어요. 평가자 간 격차가 있는 게 이상하지 않은 전형이에요. 같은 학교, 같은 전형,

같은 모집단위 안에서도 평가자 간의 격차가 나는 전형인데 우리 아이의 입학년도도 아닌 입시의 결과를 모두 진지하게 새겨들을 필요는 없어요. 필요한 것은 취하지만, 필요 없는 건 버려야 해요. 필요한 것은 아이마다 다 다르지요. 그러니 엄마가 내 아이를 위한 맞춤 공부를 해야 해요. 나와 우리 아이에게 필요한 것, 필요치 않은 것을 취사선택할 수 있는 단단한 힘이 되어줄 거에요. 무엇보다 그 입시정보로 아이에게 제안을 하는 것까진 괜찮지만, 아이가 별로 원치 않는 활동을 일부러 만들도록 강요하는 것은 한번쯤 다시 생각해 주세요.

학생부종합전형을 단순하게 표현해 볼까요? 숫자로 매길 수 없는 요소들을 숫자로 바꿔 아이들의 등수를 매기는 작업이라고 생각하면 됩니다. 어찌 보면 등급으로 매기는 지금의 고등학교 성적 체계보다 더 잔인하지요. 이 사실만 잊지 않는다면 떠돌아다니는 입시정보에 일희일비하는 일이 많이 줄어들 거에요.

학종에서 자기소개서

자기소개서는 특별전형이 아니라면 대부분 대교협의 공통문항을 사용해요. 기존에는 4개 문항이었고 1,2,3번은 공통 문항, 4번 문항이 대학별 문항이었어요. 2022학년도부터는 3개 문항으로 구성되며 1,2번 이 공통문항이에요.

문항을 자세히 살펴보면 대부분 '배우고 느낀 점을 중심으로'라는 문구가 들어가있어요. 본인이 한 활동을 나열하기보다는 그 활동을 통해 배우고 느낀 점을 쓰는 것이 요지에요. 그런데 대부분 활동이 많을수록 좋은 것이라고 생각하고 나열하는데 집중하지요. 자기소개서나 면접의 가장 중요한 부분은 질문의 요지를 제대로 파악해서 얼마나 정확히 대답하는 것이냐는 거에요. 그런데 질문에 대한 답이 아닌, 내가 하고 싶은 이야기만 하거나 쓰는 경우가 종종 있는데 그러면 좋은 점수를 받기 어려워요. 자기소개서에서 묻는 것은 배우고 느낀 점이에요. 잊지 마세요!

추가로 자기소개서는 원서접수를 완료한 후에도 수정이 가능해요. 보통 대학별로 다르긴 하지만 원서 마감 이후 2~7일까지 수정할 수 있게 사이트를 열어둡니다. 원서접수가 완료되어도 고치고 싶으면 그 기간까지는 수정할 수 있어요. 공통 양식이지만 학교별로 다르게 쓰는 것도 가능합니다. 심지어 같은 학교의 다른 전형, 다른 학과를 지원했을 때도 다르게 쓰는 게 가능해요. 학과별로 평가자가 대부분 다르기 때문에 다른 학과를 지원해서 장래희망을 완전히 다르게 작성하고 다른 캐릭터를 창조해도 알기가 어려워요. 서류부터 블라인드 평가를 진행하기 때문에 더더욱 알아볼 수 없답니다.

학생부 관리보다 학교 생활이 먼저에요.

학생부를 관리 방법에 대한 정보가 인터넷에 넘쳐납니다. 학생부는 학교생활기록부의 줄임말이잖아요. 학교생활을 기록하는 것인데, 거꾸로 관리를 한다니요. 정말이지 의아한 일입니다. 그런데 의도적으로 내 미래를 만들어간다는 자기계발의 관점에서 보면 학생부를 관리하는 게 틀린 말은 아니지요. 문제는 관리라는 개념이 시작되면서 생겨요.

학생부를 관리한다는 생각 자체가 본말에 어긋난 것이지요. 학교 생활을 충실하게 잘 하는 것이 먼저인데, 학생부를 관리한다는 생각이 앞서 있다 보니 학생부에 기재되는 내용에 매몰되는 경우가 많아져요. 학생부 관리팁을 찾아보면 '수업 시간에 열심히 참여하자, 수행평가를 열심히 하자, 학교 생활을 열심히 하자' 같은 당연한 내용이 대부분입니다. 그냥 학교 생활을 잘 하면 되는 거에요.

학생부를 관리한다는 마음을 내려놓으면 좋겠어요. 학교 생활을 기록하는 것이 학생부라는 것을 잊지말고, 학교생활을 아이가 제대로 잘 할 수 있게 도와주세요. 장기적 계획도 필요하지만 그때그때 주어진 과업을 노력해서 만족할 만큼 성과를 낼 수 있게 도와주면 좋겠어요. 학생부 관리를 한다며 정작 학교생활을 놓치는 일이 없도록 도와주세요. 그럼 학생부 관리가 저절로 따라오지 않을까 싶어요. 그리고 중상위권에게 가장 중요한 건 다시 강조하지만 공부예요!

코로나 시대 학종의 면접

코로나 이전의 시대에는 면접은 무조건 현장에서 평가자와 수험생이 만나 이루어지는 것을 의미했지요. 하지만 2021학년도부터는 송두리째 바뀌었지요.

예전처럼 대면방식으로 진행하면서도 안전장치(마스크, 가림막, 페이스실드)를 해야했어요. 비대면에는 네 종류가 있는데요, 하나는 실제로 학생이 대학으로 와서 면접관과 별도의 방에서 면접을 하는 거지요. 우리가 알고 있는 면접방식과 똑같지만 격리된 공간이고 수험생도 면접관도 화상으로 진행한다는 것이 다릅니다. 두 번째는 그냥 학생이 머무는 공간(집)에서 원격으로 실시간 면접을 진행하는 거지요. 세 번째는 녹음으로 진행하는 방식입니다. 이 역시도 학생이 학교에 출석해서 학교에서 녹음을 할 수 있어요. 네 번째는 문제를 공지 하여 집에서 녹음한 파일을 클라우드에 업로드하는 거에요. 현재까지 진행되는 방식은 이 네 가지입니다.

수험생이 집에서 면접을 보거나 녹음을 해서 업로드를 하는 방법은 코로나라는 무서운 위협에서 자유롭다는 장점이 있어요. 전국 각지에서 온 수험생들이 한 대기실에 있을 필요가 없고 대학 입장에서도 전염의 위험을 안고 방역관리에 힘을 쏟을 필요가 없어요. 그리고 학생들은 본인이 익숙한 장소에서 경쟁자들을 전혀 의식하지 않고 면접을 볼 수 있으니 학생에 따라 편안한 상태에서 면접을 볼 수 있습니다. 특히 녹음 면접은 몇 번이고 다시 녹음할 수 있습니다.(누군가에게 들려줘서 코칭도 충분히 받을 수 있습니다)

하지만 단점도 있어요. 비대면으로 진행 하다보니 수험생과 면접관의 의사소통이 쉽지 않습니다. 1~2초 정도 의사소통이 지연되는 순간이 생길 수 있어요. 서로 간의 비언어적 커뮤니케이션도 감지할 수 없습니다. 특히 녹음 면접은 아예 서로를 볼 수 없습니다. 똑같은 질문에 대한 답을 녹음하면 면접관은 그 내용을 듣는 것 뿐입니다. 커뮤니케이션이라는게 일체 없습니다.

진행자의 입장에서도 부담이 커요. 수험생 모두 똑같은 환경에서 면접을 봐야하는데 인터넷 환경이나 학생의 기기의 상황도 면접에 영향을 끼칠 수 있으니까요. 무엇보다 공정성 시비가 붙을 가능성이 있습니다. 학생이 모든 지침을 칼같이 지키고 응시했는지를 수험생 개인의 양심에 맡기는 거니까요. 사실 인터넷을 뒤져보면 온갖 이야기들이 난무합니다.(정말 혼자 있는 것인지 혹은 참고자료를 전혀 안 보고 있는 것인지 등) 요즘은 유튜버들이 많으니 프롬프터 정도는 쉽게 구할 수 있습니다. 이 모든 것을 수험생의 양심에 맡길 수 밖에 없는 상황입니다. 당연히 지침을 지키는 것이 기본 가정이지만, 지침을 지킨 학생이 불리하다는 생각을 가지면 안되는 게 입시니까요. 팬데믹 상황에서도 2021학년도 수능시험을 100% 출석시험으로 진행했다는 건 다 이유가 있겠지요. 격리자도 격리자 시험장에서, 확진자도 입원 병동에서 감독이 직접 수험생을 찾아가 시험을 치를 만큼 출석시험을 해야만 하는 거지요. 그런만큼 온라인으로 진행하는 시험이 당락에 결정적으로 영향을 끼치는 것은 조심스럽습니다. 결국은 면접의 반영비율이 많이 낮아지지 않을까 싶어요. 현재처럼 반영비율을 그대로 유지한다 해도 실질반영율을 충분히 조정할 수 있거든요. 대부분 학생부 종합전형의 2단계는 1단계(서류평가)점수 70% + 면접평가 30%로 최종 합격자를 산정합니다. 면접평가 30%를 줄이지는 않아도 면접 기본 점수를 조정하는 방법으로 면접 영향력을 줄이지 않을까 싶어요. 아니면 Pass/Fail로만 반영하는 거예요. 이번에 녹음, 녹화 면접을 진행할 수 있었던 전형은 Pass/Fail만 보는 면접이 대부분이었습니다.

이렇게 면접의 변별력이 낮아지면 결국 변별이 되는 것은 서류평가입니다. 서류평가는 학생부와 자기소개서잖아요. 하지만 자기소개서는 곧 폐지될 예정이에요. 결국 서류평가의 중요한 잣대는 학생부가 되는 거예요. 결국 학생부의 중요성이 점차 커지겠지요.

그럼 면접을 직접 참여하는 학생들에게 필요한 능력은 무엇일까요? 마스크 때문에 소리도 덜 들릴테고 입모양이 안 보이니 알아 듣는 게 쉽지 않겠지요. KF-94 마스크를 착용하고 말을 오래하면 숨이 달립니다. 가뜩이나 긴장해서 숨이 짧은데 마스크를 착용해야하니 얼마나 힘들겠어요. 수험생은 면접관의 말을 비교적 알아듣기 힘들 것이고, 면접관도 학생의 말을 알아듣기 쉽지 않을 거예요. 그러니 면접 준비 수칙 중 하나가 마스크를 착용하고 연습하기가 되었지요. 그리고 말하는 연습만큼 남의 말을 알아듣는 연습도 필요하게 되었어요.

비대면 면접은 온라인 면접이나 녹화 면접을 의미하는데, 이 경우 대면 면접과 달리 마이크를 사용해 면접을 하다 보니 표정이나 태도 같은 비언어적커뮤니케이션보다는 말로 하는 것에 집중할 수 있게 되었지요.

새로운 면접 방식 모두 중간에 장벽이 있어요. 장벽이 생긴만큼 전달하는 시간 차가 생길 가능성이 높아요. 그러니 짧고 발음은 정확하고 큰 목소리로 말하는 연습을 해보는 것도 좋은 방법입니다. 특히 말하는 콘텐츠의 비중이 더 높아졌다는 것을 잊지 말아주세요.

논술전형

대부분의 대학이 인문계열, 자연계열로 나눠 두 종류의 논술고사만 진행합니다. 자연계열은 수학만 나오는 경우가 대부분이에요. 학생부종합전형에 비하면 학과 선택에서도 자유로워요.

그럼 논술준비는 어떻게 할까요? 기출문제, 예시문제를 풀어보면 됩니다. 대학마다 입학처 홈페이지에 들어가면 기출문제, 예시문제, 예시문제 설명동영상 등이 공개되어 있어요. 원하는 대학을 미리 정해놓고 확고하게 밀고 나간다면 1~2학년 때부터 그 문제들을 열심히 풀어보고 모범답안도 연구해 보면 됩니다. 미리 대학을 정하지 않았다면 원서접수 전 10개 대학 정도를 추려 기출문제와 예시문제를 풀어본 후 나에게 맞는 문제가 나오는 대학에 지원하면 됩니다. 아무리 기출문제라도 올해 또 비슷하게 나오란 보장이 있냐고요? 있습니다. 논술고사는 사교육 영향평가라는 걸 받아서 고등학교 교육과정에서 벗어난 문제를 출제할 수 없어요. 그러니 고등학교 교육과정 안에서만 문제를 출제해야 하는데, 출제위원을 할 수 있는 사람 중에 고등학교 교육과정을 완벽하게 파악할 사람이 흔치는 않아요. 결국은 비슷한 사람이 문제를 냅니다. 그리고 워낙에 입시가 중요한 이슈니 파격적으로 변화를 주긴 어렵습니다. 그러니 기출문제, 예시문제가 아주 중요해요.

여러 대학 논술 문제를 두루두루 푸는 건 실제 시험 준비에는 별 도움이 안 됩니다. 논술은 대학별고사니까요. 공통된 기준이 없어요. 그 대학 평가방법에 특화된 학생을 선발하는 전형이에요. 그니까 아이에게 맞는 논술문제를 내는 학교를 미리 알아보고 지원하는게 정말 중요해요. 수험생들 사이에서는 논술전형이 로또전형이라는 말까지 돌고 있는데요, 일면 맞지만 일면 틀린 말이에요. 준비하면 승산이 있거든요. 특히 3등급대의 학생들은 공부를 열심히 하는 학생이니 미리 준비하면 됩니다. 아이에게 맞는 논술문제를 찾는 것이 우선이에요!

또 논술은 수시모집에서 유일하게 학생부의 반영비율이 낮은 전형이에요. 그래서 정시러(정시를 위주로 대입준비를 하는 수험생)들이 선호하는 전형이에요. 보통 3등급 중후 반 정도면 학교에서도 학원에서도 '논술 준비를 해라', '수능에 집중해라' 같은 조언을 듣습니다. 그 말은 결국 학생부로는 수시모집에 합격하기 어렵다는 의미로 연결되어 아이와 엄마가 상처를 받기도 하지요. 공부 못하는 학생의 의미로 받아들여지고 있거든요. 하지만 반대로 생각해 보면 학생부가 그다지 좋지 않은 학생도 수시에 합격할 길을 열어준 것이죠. 논술고사는 수능 시험 이후에 치르는 학교가 많아요. 대부분 정시러들이 지원하니까요. 그래서 수능 최저학력기준을 대부분 걸어놓았어요.

논술고사는 대부분 주말에 진행 됩니다. 워낙에 응시인원이 많다 보니 평일에 치르면 대학이 그날 일상 업무는 포기해야 하거든요. 그래서 수시모집요강 발표 전에는 테트리스 하듯 대학들끼리 논술고사 날짜를 겹치지 않게 잡느라 눈치싸움이 격하게 이뤄집니다. 날짜가 같더라도 계열정도는 구분되어 가능하면 수험생들이 여러 대학에 시험 볼 수 있게 해줍니다.

인원수로 계산해 보면 계산이 잘 안 맞습니다. 전체 신입생 모집으로 따지면 10% 내외의 인원을 선발하는 게 논술전형입니다. 그런데

3등급 이하 학생은 67%정도입니다. 3.5등급부터 논술시험에 응시한다고 가정하면 재학생만 따져도 60%정도의 아이들이 전체 모집정원의 10%가 될까 말까한 논술전형에 대부분 지원한다고 보면 됩니다. 학생부가 거의 효력을 발휘하지 못하니 재수생, 삼수생 등 졸업생까지 가세하는 전형입니다. 그래서 경쟁률이 아주 높아요. 모집단위에 따라 100:1을 넘기기도 합니다. 중상위권 대학에 입학 가능한 정시러들의 특징은 내신 성적 받기가 불리한 자사고나 학군지(경쟁이 치열한 지역) 고등학교 다니는 학생들이 꽤 많다는 건데요. 이들 중 학생부 3등급 중후반부터 논술고사에 다 몰려들었다고 보면 됩니다. 그리고 대부분 불합격하고 정시에 지원합니다. 정시는 전체 모집인원의 30% 남짓을 선발하는데 수시에서 떨어진 60%의 학생이 30%정도 선발하는 정시 전형에 또 도전하는 거지요. 이런 순환으로 중상위권 대학의 경쟁률은 낮아지지 않는 거에요. 아무리 학생수가 줄어 미충원 대학의 숫자가 늘어나도 이 현상은 당분간은 계속 되겠지요.

수능 최저학력기준의 의미

2021학년도 수능의 결시율은 13.17%였습니다. 지원자 49만명에 13.17%의 결시율은 정시의 경쟁률 낮아진다는 의미뿐만이 아닙니다. 이는 수능 최저학력기준에 영향을 끼쳐요. 수시는 수능 시험의 결과 중 최저학력기준만 적용할 수 있는데 수능 최저학력기준은 등급으로만 볼 수 있어요. 등급은 전체 인원수의 영향을 받을 수 밖에 없어요. 그러니 결시율이 높으면 수능 최저학력기준이 영향을 받게 되는 거지요. 모의고사에서는 늘 2등급을 유지해 왔는데 결시율이 높으면 3등급으로 떨어지는 일이 생길 수 있는 거지요.

수능 최저학력기준은 수시모집의 자격기준 중 하나에요. 평가를 받기 전 관문이지요. 평가요소를 모두 만점 받았다 해도 수능 최저학력기준에 미치지 못하면 자격 미달입니다. 다시 말하면 수능 최저학력기준을 맞춘다면 평가점수가 좀 낮아도 승산이 있다는 의미에요. 그래서 웬만한 중상위권 대학에선 수능 시험의 영향력이 수시에서도 꽤 큽니다. 그동안 수능의 난이도에 따라 논술고사의 응시율이 영향을 받았는데, 인구가 급감하고 팬데믹 사태가 일어나니 수능 결시율까지도 영향을 끼치는 요소가 되어 버렸지요.

그동안 수시모집에서 수능 시험 결과를 등급으로밖에 사용할 수 없게 한 이유는 수능의 영향력을 최소화하기 위해서였습니다. 그런데 등급이란 것이 전체 지원자 수가 줄면 상대적으로 불리할 수 밖에 없는 구조잖아요. 이젠 거꾸로 수험생에게 불리해지는 것 같아요. 물론 수능 최저학력기준을 맞출 수 있는 아이들에게는 유리해질 수 있겠지만요.

수능 위주 전형

정시 수능 위주 전형에 대해 말씀드리기 전에, 2021학년도까지의 이야기가 전제된 것임을 알려드려요. (원래 정시는 수능 시험 100%가 일반적이었어요. 의학, 보건계열에서만 인성 면접을 포함하는 것이 가능했어요. 그런데 2023학년도부터 서울대에서는 정시에서 학생부평가를 반영할 모양입니다. 애매한 평가방법을 추가하다 보니 불안감이 조금 더 높아질 수 있지만, 실질반영율을 계산해 보면 크게 변화가 있을 것 같지는 않아요)

기출문제가 쌓여 있어서 준비하기가 상대적으로 수월해요. 수능시험은 1994학년도부터 시작된 시험이에요. 물론 30년 가까운 시간을 보내며 굴곡이 있었고 많이 바뀌었지요. 수학에선 주관식 문제도 생기고 한국사과목도 생겼고 영어는 절대평가고요. 하지만 단번에 극적으로 바뀌진 않았어요. 출제경향이나 방식은 급변하진 않았어요. 그래서 마음의 준비를 충분히 하고 시험을 볼 수 있어요. 게다가 EBS 문제와 연계해서 문제를 출제합니다. 무료 인터넷 강의와 무료 PDF 교재를 다운받아 공부가 가능해요. 기출문제가 어마어마하게 쌓여있어서 기출문제만 풀어봐도 시간이 모자랄만큼 시험에 대한 자료가 풍부한 전형입니다. 혼자 마음 독하게 먹으면 충분히 준비가 가능한 전형이에요. 물론 그렇다고 사교육이 파고 들어가지 않은 건 아니지만, 수시보다는 사교육 의존도가 적은 편이에요. 사람 따라 장점일 수도 단점일 수도 있겠지요.

전국의 모든 수험생이 경쟁자입니다. 학생부전형에 비하면 마음이 한결 놓이는 전형이에요. 바로 내 옆에 앉아있는 친구가 경쟁자라기보다는 나와 함께 힘든 길을 가는 파트너니까요. 경쟁자에 대해 실제감이 떨어지니 동기부여면에선 조금 부족할 순 있지만 고등학교 안에서의 등수는 크게 의미가 없어서 부담이 적어요. 사실 학생부전형이 이렇게 중심이 되기 전까진 이런 부분이 단점이었어요. 보통 고3 3월 말에 보는 첫 모의고사까지는 수험생활에 대한 실제감이 거의 없었으니까요. 현실을 인식 못하고 허황된 대학을 꿈꾸고 있는 경우가 대부분이었으니까요. 그런데 이젠 그런 일이 거의 없어요. 아이들은 고등학교에 입학하면서부터 치열한 내신 경쟁을 매 순간 겪고 있고, 그 과정을 통해 현실과 타협을 해온 시간이 길었으니까요. 그리고 진로탐색을 하면서 대학과 학과를 미리 정하는 경우도 많으니까요.

그리고 한 번의 시험으로 결정됩니다. 이 부분이 수능시험의 가장 큰 문제예요. 한 번의 시험으로 3년 간의 고등학교 생활을 결정지어 버리니까요. 그만큼 긴장감이 높아져서 모의고사에 비해 성적이 나오지 않았다는 학생이 꽤 있어요. 학생부로는 원하는 대학에 가기 어려울 것 같으니 수능시험에 집중하는 정시러들이 부담감이 큰 만큼 실수를 더 많이 하게 되는 이상한 현상이 일어나기도 합니다. 수능시험은 학생부처럼 아주 오랜 기간 조금씩 축적해나가는 방식이 아닌, 단 한번 모든 역량을 끌어내어 결과를 보여주는 것이라 누군가에게는 장점으로 누군가에게는 단점으로 작용해요.

이런 문제점 때문에 학생부전형이 탄생한 것이고, 그 중심이 학생부전형으로 옮겨간 거에요. 하지만 당시에는 수능시험이 대입의 90% 이상을 좌우했으니 학생부에 대한 경쟁이 그렇게 치열하지 않았어요. 그래서 학생부로 중심을 옮기면 이런 문제가 해소될 줄 알았던 건데요, 실제로 시행해보니 학생부 경쟁이 더 치열한 거에요. 그냥 공부만 하면 되는 것이 아니거든요. 수행이라는 이름으로 발표를 하거나 쪽 지시험을 보는 것, 수업의 태도까지도 모두 내신에 포함됩니다. 그러다 보니 아이들의 일상 자체가 입시로 점철되어 버렸어요. 그래서 일년에 단 한번의 시험으로 승부를 본다는 수능의 단점이 갑자기 장점이 되었습니다. 한두 번 모의고사를 실수해도 다시 리셋할 수 있으니까요.

그래서 N수생 경쟁자가 많은 전형입니다. 학생부전형은 몇 년 공부를 더 한다 해도 내 수험자료는 변하지 않으니 재수, 삼수를 하기가 쉽지 않거든요. 하지만 수능시험은 학생부도 거의 반영되지 않는데다 1년 더 열심히 공부하면 뭔가 이룰 수 있을 것 같으니 N수생들이 지원을 꽤 많이 합니다. 그리고 학생부가 없는 검정고시 출신자들도 많이 포함되어 있어서 경쟁인원이 좀 더 늘어나죠.

숫자로 명확히 나와있는 자료를 바탕으로 대학을 지원합니다. 이 부분도 사실 학생부전형이 중심이 되기 전까진 굉장한 단점이었습니다. 명확한 숫자로 된 점수로 대학 서열화가 자연스럽게 이루어졌으니까요. 예전에는 전 해의 입시결과나 3년치 입시결과를 보면서 대학과 학과를 정하는 경우가 많았습니다. 학생의 진로는 고려하지 않고 점수에 맞춰 대학을 가는 경우가 일반적이었어요. 그래서 진로 교육이 필요하다는 사회적 요구가 많아졌고 학생부전형으로 중심이 옮겨가게 된 거지요.

하지만 수시가 늘어나면서 자신의 진로를 확고하게 정해서 그에 맞춰 대학에 입학하고, 대학에서도 자신의 전공 살려 사회인이 되는 경우가 많아졌을까요? 글쎄요. 학생부전형이 생기고 진로교육을 중학교부터 시작한다고 해서 갑자기 대기업위주의 취업 시장이 바뀌지 않았거든요. 오히려 '대학입학을 위한 진로 설정'이라는 기현상이 일반화가 되어버렸습니다. 그리고 고등학교에는 진로희망, 동아리, 과목성적에 따라 학과가 '정해지는' 일이 생기기 시작한 거지요. 사정이 이렇다보니 학생부에 만들어 놓은 진로 설정과 관계없이 지원할 수 있다는 것이 정시의 장점이 되었답니다.

그리고 정량평가라 환산점수를 누구나 손쉽게 계산할 수 있어요. 과목도 몇 개 없고 계산법도 간단해요. 그것도 숫자로 결과를 명확히 볼 수가 있어요. 그러니까 수시에서 입시가 너무 복잡해서 받았던 정신적 충격을 정시에서 많이 복구할 수 있는 거지요. 대입에 대한 자신감을 다시 찾을 수 있는 전형입니다.

단점은 선발인원이 적어 충원이 별로 많지 않다는 겁니다. 2021학년도까지는 20% 정도의 학생을 정시에서 선발했어요. 농어촌, 기초생활, 특성화 등 특별전형을 모두 포함한 인원인데요, 실제로 일반전형(자격기준 제한 없는 고졸학력이라면 누구나 지원 가능한 전형)인원은 그 보다 훨씬 적겠지요. 재학생의 70%가 논술고사 지원하는 것처럼 정시도 비슷합니다. 수시에서 합격하지 못한 인원, 검정고시와 N수생까지 합치면 지원인원이 꽤 되는데 뽑는 인원은 아주 소수예요. 그래서 충원합격자도 별로 많지 않은 편이에요. 특히 가군과 나군이 그렇습니다. 대학이 별로 많지 않은 다군은 충원합격자가 많은 편이긴 하지만 그나마도 2배수~3배수 안쪽입니다. 그렇게 문이 좁으니 수능에만 집중하는 학생이 많지 않았어요. 섣불리 재수를 결정하기도 어려웠지요. 그런데 2022학년도부터는 중상위권대학 대부분이 40%이상을 정시에서 선발하기 시작하니 이제 수요가 늘어날 거 같아요. 선발인원이 늘어나는 만큼 충원인원도 늘어나겠지요.

시험 성적으로만 평가합니다. 비교과는 포함되지 않아요. 이 부분도 사실 수시가 메인이 되기 전에는 치명적인 단점이었어요. 단 한 번의 시험으로 판가름이 나는데, 비교과가 일체 들어가지 않고 오직 시험성적으로만 학생을 선발하니 그 시험성적 외에는 중요한 게 아무것도 없는 거지요. 고등학교생활이 수능시험만을 위해 파행적으로 운영되는 경우가 많았어요. 특히 고3은 거의 수업을 하지 않는 경우가 많았지요. 예체능이나 한문, 기술/가정 과목은 더욱 그랬겠지요. 그런데 내신성적이나 수업시간의 발표, 쪽지시험 같은 비교과가 대입에 포함되기 시작하고 심지어 입시의 중심이 되고 보니 학생부전형이 상대적으로 불리한 아이들이 생기기 시작한 거에요. 특히 내신은 상대평가여서 무조건 남들보다 잘해야 합니다. 그것도 한 반이 겨우 30명이고, 규모가 커봤자 한 학년에 300명이 될까 말까한 경우가 대부분이라 그 적은 인원 안에서 경쟁을 해야하지요. 그래서 아이들의 일상이 더욱 고단해졌어요. 그래서 혼자 공부를 열심히 하면 좋은 성적 받을 수 있고, 비교과활동도 평가에 포함되지 않는 것이 오히려 정시의 장점이 되어버린 거지요.

정시 원서접수 시 유의점

정시에서 대학이나 학과를 선택할 때 작년 입시결과 많이 참고하게 됩니다. 감안해야할 것 몇가지 알려드릴께요. 일단 정시선발인원이 계속 증가하고 있어요. 그런데 인구절벽이니 전국적으로 등급이나 백분위 점수는 하락할 수 밖에 없어요. 심지어 환산점수도 하락할 수 있어요. 수능 응시율, 결시율에 영향을 받을 수 있어서 해마다 소위 말하는 최종 충원합격자의 점수는 내려갈 거에요.

대부분 대학은 가, 나군에서 선발합니다. 가, 나군은 선택할 수 있는 대학수가 많아서 경쟁률이 높지 않아요. 그래서 최초 합격자들이 등록을 많이 하는 편이고 충원도 잘 되지 않아요. 다군은 경쟁율이 높지만 충원도 잘 되지요. 보통 선택의 여지가 많은 가, 나군에 정말 원하는 대학, 학과를 선택하고 선택의 여지가 별로없는 다군에는 안정지원을 많이 해요. 그렇다보니 대부분의 학생은 다군에서 최초합격을 하고 가, 나군에서 충원합격이 되면 다군을 취소합니다. 그래서 다군은 경쟁률이 높긴 하지만 충원합격이 많은 편입니다. 결국은 최초합격자의 점수는 다군이 높을 수 있지만 충원 마지막까지 가다보면 가, 나, 다군의 평균 점수가 비슷해집니다. 자본주의 시장에서 저절로 가격 결정이 되는 것처럼 군별로 비슷하게 점수가 맞춰지는 거지요. 최초합격자 점수만 차이가 날 뿐이에요. 그리고 최초합격자 점수는 다군이 제일 높아요.

어차피 평균 점수가 비슷하다면 군을 고려할 필요가 없는 거 아닌가? 생각할 수 있는데요. 군을 고려한다는 의미는 원하는 대학, 학과의 입시결과를 살펴볼 때 작년과 같은 군에서 선발하는지 꼭 살펴봐야 한다는 의미예요. 어떤 군을 선택하느냐에 따라 입학점수의 범위가 달라지니까요. 그런데 작년에 속했던 군은 보지 않고 평균 점수만 보고 지원하면 실제 예상수치를 벗어날 수 있거든요. 특히 가, 나군이었는데 다군으로 옮겼다거나 다군이었는데 가, 나군으로 옮긴 경우는 그 편차가 클 수 있어요. 작년 점수와 평균은 거의 비슷할 수 있지만 그 폭이 다르기 때문에 예상점수 범위에서 벗어나는 수가 많습니다. 특히 마지막 충원합격자의 점수는 군별로 차이가 커요. 일반적으로 가, 나군은 최초합격자와 충원합격자의 점수 폭이 좁은 반면 다군은 점수 폭이 넓어요. 그래서 반대로 대학 선택을 하는 경우도 있어요. 다군을 상향지원을 하는거지요. 평균점수는 가, 나군과 비슷할 수 있지만 실제로 마지막 충원합격자의 점수는 어디까지 내려갈 지 예상하기 어려운 것이 다군이니까요. 가, 나군은 거의 예상범위 안에서 충원합격이 이루어지지만 다군에서는 예상범위를 벗어날 확률이 높아요. 특히 모집단위 인원이 크고 경쟁률이 높은 경우 더욱 이런 현상이 발생할 확률이 높아요. 5명 뽑는 모집단위에서 1.5배수(8명) 충원이 되는 인원과 50명을 뽑는 모집단위에서 1.5배수(80명) 충원이 되는 인원은 엄청나게 차이가 크잖아요. 물론 이는 현재 대부분의 학생들이 가, 나군을 주된 목표로 생각하고 지원하니까 가능한 방법이에요. 만약 많은 학생들이 이 방법을 쓰기 시작한다면 정말 의미가 없어지는 방법인 거지요.

또, 같은 군에 속해 있는 대학에 따라 경쟁률이나 점수의 등락 폭이 영향을 받아요. 그래서 대학들도 비슷한 성적대의 수험생이 지원할 만한 (경쟁)대학의 군 선택에 관심을 기울이고 종종 군을 변경하기도 해요. 경쟁 대학에 따라 우리 대학에 우수한 학생이 지원하느냐 안하느냐의 영향을 받으니까요. 서울대가 나군으로 변경했을 때 그 경쟁 대학들이 가군으로 변경했습니다. 그게 끝이 아니에요. 도미노 현상이 일어나요. 그 대학의 경쟁 대학이 가군을 피해 나군으로 옮기는 거지요. 대학마다 겹치는 학생의 성적대가 있으니 군 변경 현상은 이렇게 조금씩 밑으로 퍼지는 거지요. 그 결과 원래는 가군에 포진한 대학이 가장 많았는데 2021학년도에는 나군 대학이 굉장히 많아졌습니다. 그런데 2022학년도부터 서울대가 가군으로 변경됐어요. 그 영향을 받아 이제 몇 년 정도 군 변화가 일어나겠지요. 대학의 군 변화에 따라 지원하는 수험생 인원, 점수대, 충원합격자의 점수도 조금씩 변화가 생길 수 밖에 없고 특히 마지막 충원합격자의 점수는 변경의 폭이 클 수 밖에 없어요. 기억해 두면 원서접수할 때 도움이 될 거에요.

수능에서의 절대평가

수능에서 영어는 절대평가에요. 90점 이상 받으면 등수와 상관없이 1등급입니다. 일반적으로 1등급은 4%이내의 학생들을 말하기 때문에 영어 1등급이라 하면 헷갈릴 수 밖에 없어요. 내신의 등급체계로 치면 1등급이라기 보다는 A라는 표현이 맞습니다.

절대평가라는 건 대학입시에서 활용하기 애매한 잣대에요. 누누이 말씀드리지만 대학에선 상대적인 순위를 매겨서 그 순위대로 학생을 선발합니다. 그냥 단순히 어느 수준 이상의 학생을 모두 선발하는 구조가 아니니까요. 결국 영어를 절대평가로 바꾸면서 영어 성적의 위상이 많이 떨어졌어요. 2021학년도 영어 A를 받은 학생이 13%였는데 다른 과목으로 치면 3등급 범위로 넘어선 거니까 수험생 입장에서는 영어를 90점만 목표로 공부하고 다른 과목에 신경을 쓸 수밖에 없지요. 사실 영어가 상대평가였을 때는 문이과를 막론하고 영어 반영비율이 꽤 높았습니다. 40%까지 반영하는 학교도 있었을 만큼 문이과 공통으로 잘 해야 하는 과목이 영어였습니다. 내신에서도 마찬가지였지요. 그런데 수능에서 절대평가로 바뀌고 나서부터는 그 중심이 수학으로 옮겨갔습니다. 자연스럽게 내신도 마찬가지고요. 사실 내신에서는 영어과목이 여전히 상대평가로 이루어지고 있는데도 그렇습니다.

영어의 위상이 낮아지는 와중에 4차 산업혁명, 인공지능, 빅데이터 같은 말들을 일상적으로 쓰면서 수학과목의 위상이 더욱 높아졌어요. 사교육업체의 정시 입시상담을 할 때도 자연스럽게 영어 성적은 빼는 경우가 많아요. 여러 대학을 한꺼번에 통계내어 표준화를 하다 보니 별로 의미 없는 자료가 되거나 세밀한 자료를 만들기가 어려워 그렇겠지요.

그래서 정시의 비중이 점차 높아지는 중에서 영어의 절대평가는 대학의 입장에서는 참 난감한 숙제입니다. 대학에서 각 영역별 배점비율이나 그 반영 방법을 2년 전에 미리 다 공개를 해야 하는데, 실제 2년 뒤 수능 영어에서 등급별 인원이 몇 명이나 될지를 알 수 없으니까요. 절대평가라도 1등급이 보통 우리가 아는 4%, 2등급이 11% 정도로 난이도가 조절되면 참 좋을텐데, 그런 일은 한 번도 일어나지 않았습니다. 등급별 인원이 늘 들쭉날쭉입니다.

문제는 수능시험의 기본적 속성상 등수를 매길 수 있어야 하는데, 그 중간에 절대평가가 들어가 있으니 배점기준을 만들기가 참으로 애매합니다. 단순히 비율만이 문제가 아니라 각 등급 간 점수차도 고려해야 합니다. 1등급과 2등급 간의 차이, 2등급과 3등급간의 차이까지도 모두 고려해야 합니다. 대학에서는 미래 수능시험의 난이도를 알 수가 없으니 그 동안의 통계자료에 의존하여 등급간 점수차를 만듭니다. 수험생 입장에선(대학에서 전혀 의도치 않은) 유불리가 계속 생길 수 밖에 없는 구조인 거지요. 결국 영어는 중상위권에게는 기본점수가 되었다고 보면 됩니다. 안할 순 없지만 기본이상(최소 2등급은 받아야 하는) 과목인 거지요.

입시정보 손품 팔기

이제 본격적으로 입시공부를 시작해 볼까요?

그동안 힘들게 설명회를 다니고 온라인으로 정보를 얻으러 다니던 것보다 훨씬 쉬워요. 시간만 들이면 됩니다. 이 부분이 대입의 긴 여정 중에서도 가장 쉬운 과정이랍니다. 엄마 혼자 공부를 하면 되니까요. 발품을 팔 필요도 없어요. 그저 인터넷으로 손품만 팔면 충분히 가능해요. 무엇을 어떻게 알아봐야 할지는 다 알려드릴게요. 그러니 따라오기만 하면 됩니다.

그럼 본격적으로 시작해 볼까요?

중3부터 우리 아이 입시 준비하기

우리 아이 대학입시는 언제부터 알 수 있을까요? 중학교 때부터 가능해요. 교육부 홈페이지에 우리아이의 대학 입학 시기에 맞춰 검색하면 정보 유무를 알 수 있어요. 보통 아이가 중3일 무렵, 8월 말이나 11월 말 경에 4년 후 대입정책의 큰 틀을 발표합니다. 예를 들면 2021년 8월 현재 아이가 중3이라면 2025로 검색하면 우리 아이 대입 무렵의 계획이 나옵니다. 보통 교육부 홈페이지(www.moe.go.kr) 중 '정책' 혹은 '뉴스 홍보' 메뉴에 정보가 올라가 있어요. 그리고 이 모든 자료는 보도자료와 함께 공지되는데요, 보도자료를 먼저 읽어보면 무엇을 강조하는지, 의도가 무엇인지 미리 알 수 있어요.

그런데 이는 고등교육법상에 명시된 것이 아니라 큰 변화가 있을 때만 공지를 해요. 예를 들어 2020년에는 8월에도, 11월에도 아예 자료가 없었어요. 코로나19의 영향도 있었지만 2019년 11월 경에 공정성 관련 이슈가 많아서 변화한 것이 많았거든요. 그래서 2020년에는 더 이상의 변화가 없었던 것 같아요. 그러니 뉴스에 기사가 나면 변화가 있었구나 알 수 있는 거지요.

고등학교 입학 후에는 1학년 8월 말쯤 대교협 홈페이지(www.kcue.or.kr)에 가보세요. 대학입학전형 기본사항이 올라와요. '대학입학전형 기본사항'은 대학에 제공되는 책자인데요. 2년 후 입시 설계를 위한 지침서라고 생각하면 돼요. 대학을 위주로 제작한 책자이긴 하지만 미리 읽어보면 대입이 어떻게 구성되는지 이해할 수 있을 거예요. 특히 우리 아이 입시 일정이 정확히 나와 있으니 일정만 확인하서도 됩니다. 교육부 홈페이지(www.moe.go.kr)에서도 볼 수 있어요. 보도자료도 잊지 마시고요.

고등학교 2학년이 되면 4월말쯤 각 대학의 홈페이지에 올라온 대학입학전형 시행계획을 확인하세요. 이미 그때는 가고 싶은 대학과 학과의 범위를 결정했을 텐데요, 원하는 대학 전체적으로 어떻게 입시를 진행하겠다는 전체적인 계획과 모집인원, 수시정시비율, 선발방법, 자격기준이 간략하게 나와 있어서 간단하게 읽어보기 좋아요. 대학별로 공개해야 하는 항목이 정해져 있어서 한 대학 자료만 꼼꼼하게 보면 다른 대학 자료 읽는데도 도움이 될 거예요.

고등학교 3학년이 되면 수시와 정시 정보가 중요해지죠. 4월, 8월쯤 대학 홈페이지에 수시, 정시 모집요강이 공개됩니다. 수시, 정시로 나눠져 있는데요, 자세히 나와 있어서 부피가 있지만 꼭 읽어봐야 해요. 관심있는 모든 대학의 모집요강은 꼭 읽고 가능하면 3회독 이상을 추천해요!

지금 이 책을 읽는 시기가 2021년 8월이라면 대학 입학처 홈페이지에 진행 중인 2022학년도 수시 모집요강과 2023학년도 대학입학전형 시행계획이 올라와 있을 거예요.(대학입학전형 시행계획을 입학안내라고 하기도 해요) 대교협 홈페이지에는 2024학년도 대학입학전형 시행계획까지 올라와 있을 거고요.

2022학년도 입시와 관련된 자료를 모두 보고 싶다면 2021년 9월 이후 2022학년도 대학입학전형 기본사항-대학별 대입전형 시행계획(입학안내)-수시/정시 모집요강을 이어서 볼 수 있는 거지요. 이렇게 이어서 본다면 어떻게 대입이 진행되는지 금방 이해할 수 있겠지요.

　또 하나의 팁을 알려드리면 교육부 홈페이지에는 해마다 2월 초에 학생부기재요령이 올라와요. 이는 학교 선생님들이 학생부 기재할 때 활용하는 매뉴얼이에요. 부피가 꽤 크지만 한 번은 읽어보면 좋아요. 학생부가 어떤 식으로 기재될 지에 대한 내용이라 아이 학생부를 읽을 때 도움이 많이 되거든요!

대학 입학처 홈페이지 뽀개기

합격 여부와 상관없이 아이가 원하는 대학을 하나 정해주세요. 그리고 그 대학의 입학처 홈페이지에 들어가 둘러보세요. 일단 초록창에 대학 명을 검색해 입학처나 입학안내를 누르면 됩니다. 입학처 홈페이지는 대학 홈페이지와 독립해서 운영해요. 입학처 홈페이지는 외부인이 이용하는 페이지니까요. 회원가입이 필요없는 그야말로 공지를 위한 페이지거든요.

일단 공지사항부터 봐 주세요. 모집요강도 있고 각 전형별 안내가 있어요. 합격자 발표같이 개인정보라 별도의 권한이 필요한 페이지가 아니면 다 열려 있어요. 입학처 홈페이지는 전형이 한창 진행 중인 9월~2월까지는 팝업과 공지들이 난무해서 입시에 지원한 학생이 아니라면 이해 안 되는 부분이 참 많아요. 그러니 가능하면 3월~8월 사이에 보길 추천해요. 입시에 원하는 대학 홈페이지를 미리 익혀두면 실제 입시기간에는 불안감이 줄어들거에요. 어느 자리에 뭐가 있을지 미리 길을 익혀놓은 격이니까요.

면접자 유의사항, 합격자 유의사항처럼 옛날 공지라도 내용이 공개되어 있다면 한 번씩 읽어보세요. 학생부교과 계산기, 논술고사나 인성면접 기출문제, 예시문제도 있을 거예요. 읽다보면 수시, 정시 입시 결과와 충원율을 공개한 대학도 많아요. 수시 미충원 인원과 정시 이월 인원도 있을 거예요. 분위기 파악 정도라 생각하고 가벼운 마음으로 읽어주세요.

참고로 사교육업체에서 하는 설명회는 이런 자료들을 모아 정리한 거예요. 나중에 많이 익숙해지면 사교육업체에서 발표하는 입시결과, 고등학교에서 말하는 입시결과, 대학에서 말하는 입시결과가 어떻게 다른지까지 보는 눈이 생길 거예요.

여기서 만족하지 말고 몇 개의 대학 홈페이지를 함께 살펴보면 대입에 대한 대략적인 그림이 그려집니다. 대부분의 대학 입학처 홈페이지가 굉장히 비슷하게 구성되어 있습니다. 공지를 해야하는 사항이 정해져 있으니까요. 한 대학 홈페이지를 충분히 익혔다면 새로운 대학의 홈페이지를 간다 해도 길을 잃을 위험이 거의 없어요. 자신감은 덤으로 생깁니다. 그렇게 대학 홈페이지 투어를 하다보면 대학 자체적으로 하는 홍보행사가 굉장히 많다는 것도 알게 될 거예요. 전형별로 미리 체험할 수 있는 기회도 많습니다. 엄마들만 모아서 하는 대입특강, 진로특강이 많아요. 종합전형 모의면접, 모의논술도 있습니다. 당연히 입학상담도 있고 학생을 대상으로 하는 전공체험이나 박람회도 있습니다. 3학년 임박해서 이런 행사들을 참여하긴 쉽지 않으니 1,2학년 때 미리 참여해 보는 것도 좋겠지요? 그동안은 인근지역의 대학 행사만 참여할 수 밖에 없었지만, 언택트 시대가 되면서 온라인으로 하는 행사들이 많아졌어요. 참여할 기회가 더 많아진 거지요. 하지만 잊지 말아야 할 것은 대학의 행사 참여는 학생부종합전형에 아무런 영향이 없어요. 무리하게 참여할 필요는 없습니다.

홈페이지를 다 훑어보았다면 입학안내와 모집요강을 다운받아 읽어봐야겠지요? 같은 해의 입학안내, 모집요강을 이어서 다운받아 비교하며 보면 공부가 많이 될 거예요.

POINT

대학 입학처 홈페이지가 어떻게 구성되어 있는지를 미리 파악해본다. 입학안내와 모집요강을 찾아 3회독 이상한다.

무료 대입정보 찾아보기

입학안내와 모집요강을 충분히 익혔다면 무료 대입정보를 찾아볼 차례입니다. 싼 게 비지떡이 아닙니다. 입시설명회의 기본 자료들이에요. 알찬 대입 정보들이 가득 들어있는 페이지입니다.

한국대학교육협의회 홈페이지

http://www.kcue.or.kr/

한국대학교육협의회는 흔히 대교협이라는 줄임말로 불러요. 전국 4년제 대학의 학사, 재정, 시설 등 주요 관심사에 대하여 의견을 모아

정부에 건의하여 정책에 반영하게 하는 단체인데요. 대학과 교육부의 중간 창구 역할을 하고 있습니다. 대학입학전형의 기본사항을 수립하는 등 대입 전반을 관리하고 대학평가도 함께 진행하고 있습니다.

대교협 사이트에 가면 무료대입정보를 잔뜩 얻어갈 수 있어요. 대교협 사이트를 모두 다 섭렵할 필요는 없지만 '대학입학전형 기본사항'은 꼭 봐야해요. 전 장에서 설명했던 대학입학전형 시행계획(입학안내)의 기본이 되는 매뉴얼인데요, 대학이 입학전형 계획을 수립하기 위해선 이 기본사항을 철저하게 지켜야합니다. 공지사항에 들어가면 시행계획을 공지한 파일이 있습니다. 그 입시계획 매뉴얼격인 시행계획은 3년 전에 이미 공개가 됩니다. 2023학년도 대학입학전형 기본사항이라면 2020년 8월에 공개가 됐지요. 그 기본사항에 따라 대학에서는 2021년 3월말까지 기본계획을 수립해 대교협에 보고를 하는거고요. 고1부터 아이의 대학입학전형 기본사항 정도는 미리 볼 수 있어요.

기본사항은 말 그대로 기본 원칙이에요. 획기적으로 큰 변화가 있다면 언론에서 크게 다룹니다. 고등학교 1학년 8월말 쯤 아무 이야기도 들은 바가 없다면 전년도와 크게 다른 점이 없다고 생각하면 됩니다. 대학을 위해 제작된 책자라 수험생에게는 당장 써먹을 수 있는 알찬 정보를 제공할 순 없겠지만, 대학입시가 이런 기준으로 운영되는 구나 하는 전체적인 흐름을 파악할 수 있어요. 특히 대학입시 간소화 정책 부분은 표 하나만 봐도 대입에 대한 윤곽을 금방 잡을 수 있을 거예요. 그 중에서도 별첨 자료에는 3년 후 입시 일정이나, 모집요강에 꼭 포함되어야 하는 내용이 들어 있어요. 우리 아이가 원서접수를 언제 할지, 수능시험을 언제 볼지 날짜가 나와있어 일정을 미리 체크할 수 있어요. 계획된 날짜대로 진행되니 D-day를 설정해 구체적으로 계획을 세우는 데도 도움이 됩니다.

앞에 언급했지만, 보도자료도 함께 읽어보면 대교협에서 그 해 입시에서 강조하고 싶은 것이 무엇인지 바로 알 수 있어요. 보통 언론에 공개되는 것은 이 보도자료에 적힌 내용을 기본으로 하거든요. 블로그나 언론기사로 접하는 대입정보도 좋지만, 이렇게 직접 알려주는 내용을 바로 볼 수 있는 것도 재미있잖아요. 보도자료는 일반인들이 이해하기 쉽게 쓴 자료니 부담없이 읽을 수 있을거예요.

대학 어디가 사이트

http://adiga.kr/EgovPageLink.do?link=EipMain

대학입학전형 기본사항을 다 보았다면 대표협 홈페이지 첫 화면에

링크된 '대학 어디가'로 넘어가 보세요. 대교협에서 만든 대입정보 사이트입니다. 사교육 컨설팅 못지 않게 자료가 풍부한데 모두 무료로 공개합니다. 대신 회원가입이 필요하고, 대상자마다 제공되는 정보가 달라요. 수험생으로 가입하면 가장 많은 정보를 볼 수 있어요. 내가 원하는 정보를 정확히 알아야 정보 찾기가 가능할 정도로 정보량이 많습니다. 익숙해질 때까지 시간을 좀 들여야 하는 사이트에요. 대신 손품을 많이 판다면 충분히 대학입시에 대한 공부를 할 수 있어요.

이 사이트에도 성적분석과 대입상담을 받을 수 있는 페이지가 있는데요, 개인 컨설팅을 받는다면 다른 사람에게 다른 시기에 최대한 많이 받는 게 좋은데 보통 개인 컨설팅은 가격이 꽤 비싸지요. 그러나 대학 어디가는 무료입니다. 그렇다고 질이 떨어지지 않아요. 대부분 일선 고등학교 교사들이 컨설팅에 참여하는데, 정보도 열성도 대단해요. 여러 번 활용하길 추천해요!

서울진로진학정보센터 사이트

https://www.serii.re.kr/

https://www.jinhak.or.kr/index.do

대교협 사이트 외에도 서울교육정보연구원이 운영하는 서울진로
진학정보센터도 있어요. 대교협의 '대학 어디가'와 비슷하게 운영되
고 있는데요, 서울의 고교 교사들이 입시상담을 해주는 곳이지요. 규
모가 대교협보다는 작다보니 상담이 한시적으로 운영되고 있습니다.
그러니 상담시간을 체크하고 신청해야 합니다. 개인 컨설팅 받기로
마음 먹으셨다면 다다익선이란거 기억하시죠? 그러니 이 기회도 놓
치지 말고 챙기세요.

한국교육과정평가원 및 수학능력시험 사이트

https://www.kice.re.kr

http://www.suneung.re.kr/main.do?s=suneung

대학수학능력시험을 관장하는 기관은 한국교육과정평가원이에요.
한국교육과정평가원 본 사이트(수학능력시험 페이지 보다 윗 단계)의 알림마
당 보도자료를 보면 입학전형 기본사항처럼 수학능력시험 시행계획
과 관련 내용의 보도 자료가 차곡차곡 쌓여있습니다. 보통 아이가 수
능시험을 보는 해 3월에 그 해 수능시험의 시행계획을 발표해요. 시
행계획을 읽어보면 생각보다 많은 정보가 공개되어 있습니다. 시행계
획이 너무 길어 읽기 부담된다면 보도자료를 읽어보세요. 평가원에서

하고 싶은 이야기를 요약한 내용이니 이해하기 어렵지 않을 거예요. 모두 다 섭렵할 필요는 없지만 읽는 것과 안 읽는 것은 분명히 차이가 있어요.

대부분 수능시험 시행과 관련된 내용이지만 곳곳에 입시 정보들이 숨어있습니다. 과목별로 정확한 문제 출제 범위라던가, EBS와 연계 비율, 연계된 교재까지 아주 자세히 나와 있습니다. 기출문제, 연도별 원서접수 통계, 응시현황, 채점현황까지도 공개합니다. 해마다, 혹은 과목별로 달라지는 분포를 한눈에 볼 수도 있어요. 본 수능만 공개되는 게 아닙니다. 6월, 9월 모의고사도 똑같습니다. 그러니 모의고사 전에 꼭 읽어봐야 합니다.

수학능력시험 사이트는 한국교육과정평가원 사이트에서 별도로 페이지가 마련되어 있어요. 이 페이지도 잊지말고 꼭 확인하세요. 3년 치 정도만 훑어봐도 수능시험에 대해 감을 잡는데 도움이 되지요. 우리 아이가 입시 상담받는데 큰 힘이 되는 건 더 말할 필요도 없고요. 사교육에서 흔히 보는 분석자료는 다 평가원 사이트에서 발췌한 것입니다. 보여 주고 싶은 내용만 쏙 뽑아 정리한 자료보다 원본자료를 보고 싶은 욕심이 생기지 않으세요?

이렇게 공개된 정보가 많다는 사실을 알았다는 것만으로도 마음이 든든하지 않나요?

POINT

무료대입정보는 온라인 카페나 학원설명회에만 있는 것은 아니다. 남의 시선으로 편집된 자료가 아닌 우리 아이에게 딱 맞는 나만의 자료를 만들 수 있다. 이 정보가 대부분의 입시정보의 원천이 된다.

입시컨설팅 받기 전에 알아야 할 것

사교육업체에서는 수능시험이 끝나고 결과가 공식 발표되기 전에 등급 컷부터 표준점수 등 예측을 많이 해요. 보통 수강생이나 가채점 결과로 상담을 원하는 학생의 점수를 데이터화해서 예측을 하지요. 일반적으로 1,2등급은 대부분 잘 맞추는데 2021학년도 수능은 유난히 많이 틀렸어요. 수학가 1등급 컷 정도만 맞추고, 대부분의 업체는 예측이 빗나갔어요. 특히 수학나는 완전 참패였어요. 10곳 정도 되는 사교육업체 중에 1등급 컷을 맞춘 곳이 하나 있었고 나머지는 3~4점으로 크게 예측이 빗나갔지요. 2등급 컷을 맞춘 곳은 아예 없었고 어떤 곳은 9점까지 차이가 났지요. 전체적으로 보면 2등급 컷을 예상하지 못한 곳이 거의 대부분이에요. 그나마 몇 개 업체가 수학가의 2등급 컷을 맞췄고, 맞추지 못한 곳은 오차도 꽤 큽니다. 국어/ 수학가/ 수학나만 봤을 때 등급 컷으로만 보면 하나도 못 맞춘 곳도 있을 만큼 2021학년도에는 적중률이 떨어졌어요.

사교육에서는 가채점 데이터를 모아 통계를 내고 그 해의 상황을 감안해서 전문적으로 예측을 해요. 등급 컷 예측은 사교육에서 상담을 위해 만들어 놓은 프로그램의 기초가 되는 자료입니다. 물론 실제 상담은 결과를 보고 상담자료를 수정하여 하겠지요. 하지만 이렇게 예측이 제각각이고, 결과가 잘 맞지 않는 것은 사교육 업체들도 각각 다른 방법과 기초자료를 가지고 대입을 바라본다는 의미를 반증하는 거지요. 정량평가인 수능성적도 이렇게 예측률이 떨어지는데, 정성평가 전형은 어떻겠어요. 개인 컨설팅을 받을 때 한 곳만 맹신하는 것이 얼마나 위험한 지 아시겠지요. 특히 마음이 조급하다고 가채점 결과만을 가지고 큰 돈 들여 상담을 하는 것은 다시 한번 생각해 주세요. 수능상담에서 돈을 내고 컨설팅을 받는 것은 다른 한편으론 본인의 성적을 데이터로 제공하는 거예요. 그리고 빅데이터의 일부가 되지 않은 학생의 자료가 포함되지 않은 통계의 결과를 제공 받는 것이죠. 다시 말하면 일찍 서둘러 상담을 받는 것은 아직은 빅데이터라고 할만한 것이 없을 때일 수 있단 거지요.

개인 컨설팅을 받기 전에 소개한 '대학 어디가' 사이트나 '서울교육정보원'에서 진행하는 무료 상담에 먼저 참여해 보세요. 혹은 원하는 대학에 직접 전화해 작년 결과를 물어보는 것도 좋아요. 예전엔 박람회, 설명회 같은 행사가 많아서 입시 상담을 받는 기회가 많았는데 지금은 코로나의 영향으로 상담 행사가 거의 없어졌잖아요. 자연스럽게 친구들과 어울리면서 정보를 얻을 수 있는 기회가 없어졌어요. 그야말로 각자도생인 거지요. 많이 불안하겠지만 이젠 스스로 나에게 맞는 정보를 찾아 나설 수밖에 없는 시대가 됐음을 기억하세요!.

학생부 뽀개기 1

이제 학생부를 뽀갤 차례입니다. 일단 교육부(www.moe.go.kr) 홈페이지에 들어가세요. 교육부 홈페이지에도 많은 정보가 숨어있습니다. 우리는 일단 학생부로 직진할 거에요. 검색창에 바로 '학교생활기록부' 치면 검색이 잘 안 될 때가 많아요. 교육부 홈페이지>정책정보공표> 초·중·고 교육으로 들어가서 '학생부 기재요령'을 찾아보세요. 위 카테고리로 들어가서 '학생부 기재요령'을 다운받으세요. 새로운 학년도가 시작되기 전에(매 해 3월 1일에 학년도가 시작되지요) 미리 학생부 기재요령을 공지합니다. 그래서 보통 2월에 학교생활기록부 기재요령이 공개돼요.

학생부 기재요령은 보통 2백 페이지가 넘는 엄청난 양인데요. 학교의 선생님들이 학생부를 기재할 때 사용하는 안내 매뉴얼이에요. 교사를 위한 책인데, 엄마가 꼭 읽을 이유가 있을까요? 네, 꼭 읽어야 해요.

생소하고 어렵기만 한 입시 용어와 개념을 금방 습득할 수 있어요. 등급의 기준을 정확히 모르는 엄마라면 꼭 읽어봐야 합니다. 학생부 기재요령에는 수강 인원수별로 등급이 어떻게 나뉘는지 예시표와 해설까지 곁들여 아주 자세하게 나와 있어요. 한마디로 학생부를 이해하는 참고서 역할을 해줍니다.

그렇다고 당장 다 외울 필요는 없어요. 기억이 안 나거나 헷갈리는 부분이 있다면 그 답을 어디서 찾을 수 있는지 알게 되었잖아요. 그것만으로도 불안감이 대폭 줄어들 거에요. 한 번에 다 읽고 다 이해하려고 하지 말고 매일 30분~1시간씩 일정시간 시간을 들여 읽기를 추천해요. 그리고 읽은 내용을 적용해서 우리 아이 학생부를 한 번씩 점검한다면 더 좋겠지요. 무엇보다 교과학습발달상황만큼은 꼭 숙독하세요.

POINT

학생부 기재요령이 있다는 사실만 알고 있어도 괜찮다. 필요한 정보가 어디 있는지만 파악하고 있어도 불안감이 줄어든다.

쉬어
가기

2021 학생부기재요령 확인하셨지요?

    2021학년도 학생부기재요령에서 가장 눈에 띄는 것은 원격수업 내용도 포함해 기재가 가능하다는 항목이에요. 사회적거리두기 단계별로 기재요령을 자세하게 정해 놨지요. 세부특기사항에 동영상 수행평가도 평가 가능하게 했고 평가 가능한 교과군을 전교과로 확대했어요. 기재범위도 늘렸어요. 그동안은 교사가 직접 관찰, 평가한 내용만 올리도록 되어있었거든요. 그 범위도 기초탐구 교과에 한해서 였는데요, 이젠 전 교과인 거지요. 2020년도에는 코로나 사태에도 불구하고 학생들이 등교를 했던 이유는 중간·기말고사와 수행평가를 위해서였어요. 하지만 2021학년도부터는 달라진 거지요. 이제 수행평가 일부는 원격수업으로 평가하는 학교가 생겨나고 있어요.

그리고 그동안은 '학생부에 고등학교를 알 수 있는 어떠한 항목도 기재할 수 없다' 정도의 문구가 있었는데 이번에는 좀 더 구체적으로 지침이 바뀌었어요. '학교명, 재단명, 학교 축제명, 학교 별칭 등 학교를 알 수 있는 내용은 기재금지'라고 구체화 되었어요. 상대적으로 교육과정이 특별한 학교(예를 들면 특목고)는 조금 더 유리해지겠지요. 현실적으로 교육과정 변경이라는 것이 교사의 수, 과목별 인원 및 교사의 시수, 교실 수 등과도 연관되는, 학교의 근본적 구조까지도 바꿀 수 있는 아주 큰 일이니 교육과정을 1~2년 사이에 갑자기 바꿀 수 없어요. 그래서 교육과정이 특별한 학교는 일반고와 다르게 평가될 거에요.

또 하나 눈에 띄는 것은 기재시 활용 가능한 자료가 조금 바뀌었다는 겁니다. 교사가 혼자 반 아이들 모두를 직접 살펴서 학생부를 꼼꼼하게 작성할 수 없는 것이 현실이다보니 보완자료가 가능한데요. 셀프 학생부라는 이름으로 불리우는 것들이에요. 동료평가서, 자기평가서, 수행평가 결과물을 포함한 수업 산출물, 소감문, 독후감 등인데요, 교사 입장에서 객관성을 유지할 수 있는 자료가 어떤 것일까 생각해 보면 무엇이 제일 중요할지 아시겠지요. 수업 산출물은 2020년에는 수행 평가 결과물에서 조금 더 범위가 확대되었습니다. 수업 산출물이 어떤 것이 더 있을까 현재 재학 중인 학교마다 다를테니 한 번씩 생각해보면 좋겠습니다. 그리고 다시 강조하지만 수행이 정말 중요해요! 내신에 신경 쓴다면 수행평가까지 꼭 챙겨야해요.

모둠활동을 평가할 때는 개별 학생에게 역할을 부여하고 개인별 과제에 대해 수행과정을 평가하라고 되어있는데요. 이는 끼워팔기, 무임승차 같이 민원이 많았던 점을 보완하겠다는 의미인 것 같습니다. 아마도 동료평가서, 자기평가서에 기재가 정확히 되지 않는다는 것을 반증하는 것이 아닐까 싶습니다.

학생부 뽀개기 2

학생부 기재요령을 1회독 완료했다면, 이젠 학교알리미(www.schoolinfo.go.kr)로 들어가 볼 차례예요. 학교알리미는 고등학교 진학 전에 미리 보는 경우도 꽤 있지만, 고등학교에 입학하면 잘 안 보는 경우가 대다수예요. 하지만 고등학교 입학 후에도 필요한 정보가 많아요. 블라인드 서류평가가 되기 전까진 학생부종합전형에서 학교알리미 자료를 학생부종합전형 평가자들이 고등학교의 학력수준을 가늠하는 잣대로 쓰기도 했을 만큼 정보가 많아요.

학교알리미 사이트에서 우리 아이 고등학교를 찾아 들어가세요. 메뉴에 학생현황-교원현황-교육활동-교육여건-예결산현황-학업성취사항 등이 있는데 학업성취사항을 학생부와 연결해서 볼 수 있지요. 우리 아이의 시간표를 보며 과목별 평가계획을 보면 앞으로 어떻게 평가가 되겠구나 예상할 수 있어요. 그 중에서도 전년도 자료 꼭 봐야 해요. 교육과정이 크게 변동되지 않으니 진행방식도 크게 변동되기 어렵거든요. 또 각 학년별 인원도 파악해두면 등급별 인원이 어느 정도 되겠구나도 파악할 수 있어요.

무엇보다 수행평가와 일반 비교과(교내대회, 교과관련 동아리 등)와는 완전히 다르다는 사실을 꼭 기억해 주세요. 학생 입장에서는 하는 내용이 비슷하니 헷갈리는 경우가 많은데요. 완전히 달라요. 시간이 부족해 선순위를 정해야할 때 이 원칙을 생각하면 도움이 될거예요. 같은 독후감 쓰기라도 수행인지, 동아리 활동인지 정확히 구분해야지요. 그러면 수시모집 원서 쓸 때 '학종에 속았다'라고 억울해하는 수험생 숫자가 줄어들 수 있지 않을까요.

마지막으로 재학 중인 고등학교 홈페이지에 들어가 보세요. 일단 교육과정을 봐야지요. 우리 아이의 앞으로의 과목을 확인할 수 있고 어떤 선택을 할지 미리 생각해 볼 수도 있어요. 홈페이지에는 학교마다 다르겠지만 종종 수행평가 기준이나 지필고사의 정답을 공개합니다. 동아리 소개나 봉사 프로그램 소개도 하고요. 물론 학교알리미에서도 볼 수 있지만, 학교알리미는 이미 끝난 결과를 올리는 것이라 현재 진행되는 최신 정보는 고등학교 홈페이지에서 확인할 수 있답니다. 그러니 고등학교 홈페이지도 상시로 방문해 확인하면 좋겠습니다.

POINT

학생부기재요령이 실제 우리 아이의 학생부에 어떻게 쓰여지고 있는지 확인이 필요하다. 그러기 위해서는 학교알리미, 고등학교 홈페이지 정보를 수시로 확인해 보자.

학생부 수정에 대하여

대학에서 입학 원서접수를 마치면 학생부를 온라인으로 수신하는 절차가 있어요. 그럴 때 수신이 되지 않는 학생이 종종 나와요. 온라인 수신이 안되는 이유 중에 고등학교에서 NEIS온라인 제공을 막은 경우가 있어요. 대부분 학생부 작성이 마감된 이후 학생부를 수정했기 때문에 막은 거예요.

학생부 작성 마감일은 공식적으로 정해져 있어요. 수시는 보통 8월 31일입니다.(2020학년도는 코로나 때문에 9월 16일로 마감일이 늦춰졌어요) 그런데 마감일 이후에 학생부 수정이 있는 경우가 꽤 많아요. 그럴 경우 고등학교에선 대학교에서 온라인 다운로드를 못하게 설정해요. 수정안된 학생부를 다운로드할 수 없게 하는 거지요.

학생부 수정을 하는 것이 학생에게 유리할까에 대해 의견이 분분하지만 적어도 대학교에서는 늦게라도 학생부를 수정하는 고등학교는 열성이 있다고 여겨요. 교사도 사람인데 많은 양을 수작업으로 하다 보면 오류나 실수가 있을 수 있어요. 일찍 발견하면 좋으련만 마감일 이후에 발견하면 이렇게 문제가 생깁니다. 한 명 한 명이 평가받을 때 조금이라도 불이익이 없었으면 하는 마음으로 고등학교에서는 수정하는 것이고 수정된 학생부를 대학에서 봐줬으면 하는 마음에 번거롭고 일이 커져도 감수하느라 생기는 거지요.

좋은 의도와는 별개로, 수정된 학생부가 과연 제대로 평가에 반영되느냐는 상황에 따라 달라서 딱 잘라 이야기할 수 없어요. 일반적으로 평가환경이 세팅된 후에는 학생부 수정내용은 반영하기가 어려워요. 이젠 평가환경이 모두 전산화가 되어 중간에 손을 댄 것은 모두 로그에 남아서 자료수정 절차가 까다로워요. 특히 이미 평가가 시작된 경우에는 반영되는 것이 더욱 어렵습니다. 대학마다 기준이 다르겠지만, 워낙에 대입은 보안과 형평성 등이 중요한 일이다 보니 대부분 비슷한 규정이 있지 않을까 싶어요.

결국 학생부 수정은 가능하면 **빠른 게 좋아요.** 학생부에 대한 피드백을 고등학교에 할 땐 빠를수록 좋다는 거지요.

7

엄마의 아이공부

||||||||||||||||||||||||||||||||||||||||||||||||||||||||||||||||||||||||||||||||||||||||||

대학 입시의 주인공은 아이에요. 세상에서 가장 소중한 내 아이의 인생의 큰 관문이 대입이니 그 대입을 무사히 치르게 하고 싶은 엄마의 마음은 당연합니다. 하지만 실제로 공부를 하고 대학입학시험을 보는 것은 우리 아이입니다. 엄마는 그저 거드는 역할이에요. 그래서 대입에서 가장 중요한 것은 우리 아이의 장단점과 좋아하는 것을 정확히 파악하는 거예요. 우리 아이의 특징을 활용해 아이가 원하는 대학에 입학해서 행복한 인생을 만들 수 있도록 도와주는 것이 엄마의 역할이지요.

이제 아이와 진지하게 이야기를 해볼 때입니다.

||||||||||||||||||||||||||||||||||||||||||||||||||||||||||||||||||||||||||||||||||||||||||

아이에게 생각할 시간을 주세요

요즘은 중학교 때부터 진로탐색을 해요. 그래서 경험도 지식도 없는 상태에서 출처도 분명치 않은 정보로 쉽게 전공과 미래를 결정하는 경우가 많아요. 그러다가 고등학교에서 첫 시험을 보고, 1학기를 마치고 갑자기 진로를 바꾸겠다고 합니다. 그럴 때 당황하지 마세요.

아이가 좋아하는 분야에 대해 확신을 가지지 못해도 괜찮아요. 아이가 열정적으로 택한 진로에 대해 '사실 따라가기가 벅차. 진로를 바꾸고 싶어.'라고 해도 괜찮아요. 배치표 점수에 맞춰 원서쓰기 직전 대학과 학과를 선택하는 것 보다는 훨씬 앞서 있는 것이니 오히려 칭

찬반아 마땅한 일이지요. 무엇보다 본인이 실제로 경험하고 맞지 않는다는 결론을 낸 것이니 더 잘 된 일이에요. 과학고, 영재고 출신자들이 의대를 가기 위해 재수, 삼수를 하는 모습을 종종 보게 되는데 대부분이 이런 경우지요.

그럴 때 아이에게 다시 질문을 해주세요. '네가 잘 하는 것이 무엇이니?' 혹은 '별로 시간이나 노력을 들이지 않았는데도 저절로 잘 되는 것이 무엇이니?'라고 물어봐 주세요. 다른 아이들보다 유별나게 뛰어나지 않아도 됩니다. 우리 아이의 여러 가지 재능 중에 뛰어난 것만 찾으면 돼요. 성적만 보고 파악하기 보다는 여러 가지를 살펴봐야 해요. 아이가 주요과목이니 시간을 들여서 잘하는 것일 수 있거든요. 우리 아이는 선행학습보다는 복습과 오답노트를 활용해서 하는 과목을 더 잘할 수도 있고, 정리정돈을 잘할 수도 있어요. 혹은 돈 계산을 잘 할 수도 있지요.

거기서부터 진로탐색의 시작이에요. 아이가 생각하는 동안 엄마는 어린 시절 자녀의 모습을 찬찬히 그려보세요. 시키지 않아도 잘 했던 것이 무엇일까 생각해 보세요. 별로 가르친 적이 없는데 쓱쓱 잘해냈던 것이 분명 있을 거예요. 게임만 하고 싶어 했다고 속상해 하기보단 잘했던 게임이 무엇인지 기억해 보세요. 아이가 좋아하는 것과 잘 하는 것이 다르다면 잘 하는 것을 진로로 정하는 게 맞아요. 좋아하는 것은 주위 환경의 영향을 받았을 가능성이 높거든요. 그래서 수시로 잘 바뀌는 거지요. 시행착오를 충분히 거칠 수 있어요. 아주 흔한 일이에요.

초등학교 때 수학 성적만큼은 늘 백점을 받던 아이가 중학교에 올라가더니 반도 못 맞아 오는 경우가 있을 수 있어요. 그것도 중학교 1학년 때까지 자유학기제로 아이도 엄마도 아이의 실력을 제대로 가늠할 수 없어요. 그러다가 중학교 2학년이 되어서야 알게 된 거예요. 사실 아이는 수학을 잘한다기보다는 상상력이 뛰어났던 거지요. 스토리텔링 수학을 하던 초등학교에서는 다른 아이들보다 머릿속에서 그림을 잘 그리고 쉽게 답을 찾아냈는데, 계산문제는 잘 못 푸는 것뿐이에요. 중학교부터는 공식을 외우고 문제풀이를 잘하면 수학성적을 잘 받을 수 있거든요. 결국 수학의 문제가 아니었던 거예요. 하지만 현실에서는 이렇게 과목별로 딱딱 알아보기 편하게 아이의 강점과 약점을 잡아낼 수 없는 상황이 생기기 마련이에요. 그러니 주의깊게 살펴주셔야 해요.

당장 생각나지 않아도 상관없어요. 머릿속에 씨를 뿌려놓으면 언젠가는 생각나게 되어 있으니까요. 다만 아이가 본인의 미래에 대해 진지하게 생각할 수 있도록 시간과 기회를 주세요. 그리고 마지막 결론은 본인이 직접 내리게 해주세요. 직접 결정한 것과 엄마가 결정한 것은 실제 실행하는 과정에서 큰 차이가 있어요. 가장 중요한 것은 아이입니다. 아이가 후회하지 않도록 도와주고 믿어주세요.

POINT

진로탐색은 아이가 잘하는 것으로 시작해 보자. 시간을 들여 천천히 해도 되고, 중간에 바꿔도 상관없다. 다만 마지막 결정은 아이 본인이 내리도록 하자.

믿음과 관심을 동시에 주세요

너무 당연한 말이죠. 하지만 제가 보기에 둘 중 하나를 해주는 엄마는 있어도 두 가지를 동시에 해주는 엄마는 많지 않아요. 아이의 말을 진심으로 들어주고 관심을 가져주는 것도 중요하지만 가장 기본은 아이를 믿고 지지해주는 거예요. 아이를 믿는다고 말하는 엄마는 대부분 싸우기 싫다, 사이좋게 지내고 싶어 그냥 내버려 둡니다. 그러면서 아이의 의견을 존중한다고 말해요. 아이에게 관심을 가질수록 어설픈 아이의 행동을 보면 마음에선 불이 끓어오르니까요. 가정의 평화를 위하여 가능하면 아이에게 신경을 끊지요. 그러면 크게 화낼 일도 없으니까요. 이건 믿는다기보다는 외면, 무관심이에요. 믿는 것과 무관심은 다른 말인데 엄마만 혼동하고 있는 경우가 많아요. 아이 혼자 강하게 클 수는 있겠지만 말 그대로 아직은 아이입니다. 적절한 관심과 훈육으로 잘못된 방향으로 갈 땐 커브를 틀 수 있도록 도와주는 것도 필요해요. 그러니 관심도 필요해요.

그런데 관심을 가지면 자꾸 싸울 일이 생겨요. 아이가 미흡해 보여도 이미 하나의 독립된 인격체입니다. 그런데 신생아부터 봐 온 엄마에게는 아이가 여전히 돌봐줘야 할 존재로 보이지요. 그 관심이 좀 더 심하면 아이를 곧 나 자신으로 동일시해서, 혹은 내 마음대로 할 수 있는 소유물이라 생각되어 아이의 모든 것을 마음대로 결정해 버리는 경우도 생겨요. 현실적으로는 엄마가 결정하든 아이가 직접 시행착오를 거쳐 결정하든 대부분 비슷한 결과가 나오니까 상관없지 않겠냐고요? 하지만 엄마의 의지로 했던 일과 아이의 결정으로 했던 일의 과정은 완전히 다릅니다. 최종 결정은 아이가 직접 하도록 도와주세요.

엄마의 믿음과 관심을 받고 자란 아이들은 자존감이 단단합니다. 공부를 잘하건 못하건 엄마가 믿어주고 꾸준히 관심을 가져주기만 하면 잘 자랍니다. 엄마를 대하 듯 세상 사람들을 대하니까요. 당장 남들이 알아주는 대학에 가지 못해 좌절하고 실망할 수 있어요. 하지만 이런 아이들은 금방 털고 일어나요. 왜냐하면 세상(엄마)이 나를 믿어주니까요. 세상(엄마)이 나한테 관심이 있으니까요. 대학이 인생의 최종 목표가 아니잖아요. 긴 인생에서 나를 받쳐줄 수 있는 건 자존감입니다. 그 중요한 자존감은 엄마가 만들어주는 거라 생각합니다. 그 믿음과 관심 사이에서 엄마가 단단하게 중심을 잡고 있는다면 아이는 그 엄마를 붙잡고 더욱 단단한 사람으로 잘 성장할 거예요.

'경제적으로 어려워 학원을 못 보냈다', '날 닮아 공부머리가 없다', '시간이 없어 잘 돌봐주지 못했다' 라며 자책 할 필요 없어요. 믿어주고 관심만 가져주어도 8할 이상 목표를 달성한 거예요. 장기적으로 봤을 때 자존감을 단단히 키워주면 결국은 괜찮은 사람으로 잘 성장할 테니까요.

허황되게 지금 당장 서울대 의대에 갈 수 있다는 식으로 믿으라는 의미가 아닌 거 아시죠? 낙천주의와 낙관주의는 엄연히 달라요. '우리 딸, 우리 아들 정말 멋지다' 이렇게 진심으로 생각해 주세요. '반듯하고 멋진 사람이니 꼭 훌륭한 사람이 될거야' '하고 싶은 일 찾아서 행복하게 살거야' 같은 믿음을 놓지마세요. 동시에 우리 아이의 장점과 단점에 대해서도 객관적으로 파악하고 장점은 키울 수 있게, 단점은 줄일 수 있게 도와주세요. 속깊은 이야기를 스스럼 없이 언제나 나눌 수 있는 영혼의 친구가 되어주세요.

POINT

사교육보다 먼저 해야할 일은 아이에게 믿음과 관심을 동시에 주는 것이다. 쉽지 않은 일이지만 해야 한다고 순간순간 인지만 하고 있어도 아이가 달라질 것이다.

아이와 같은 편이 되어주세요

아이의 미래를 위해 현실과 협상을 해보세요. 협상의 선제조건은 두 가지일 듯 해요. 첫 번째는 엄마와 아이가 같은 편, 같은 입장을 고수하고 있어야 해요. 엄마와 아이가 당연히 같은 편 아닌가?라고 생각하시겠만 마음 속의 생각과 제 눈에 보이는 현실은 조금 달라요. 대부분 아이와 엄마는 대치상태 같은 느낌이 들 때가 많아요. 진정으로 같은 편이라면 왜 컴퓨터와 핸드폰을 잠궈놓고 게임을 못하게 할까요. 원인은 당연히 같은 편이라고 생각하고, 같은 편을 만들기 위해 일부러 노력하지 않으니까 그런 게 아닐까 싶어요.

엄마가 먼저 아이의 성격이나 타고난 기질을 잘 보면서 살살 잘 달래주세요. 그리고 정말 같은 생각을 가지고 같은 곳을 바라보고 있는지 꼭 확인하세요. 엄마의 스타일에 아이를 맞추라고 하기보다는 아이의 스타일에 엄마가 맞춰주는 게 수월해요. 아이는 덩치는 엄마보다 더 컸을지 몰라도 아직 아이예요. 엄마가 화를 내면 그냥 화내는 것만 무서워하거나 귀찮아하지 그 원인에 대해 생각하기 힘들거든요. 단순히 '엄마는 나를 못 믿는다' 혹은 '나를 사랑하지 않는다'고 생각할 수 있어요.

두 번째는 무엇보다 아이에 대해 객관적으로 충분히 파악하셔야 합니다. '우리 애는 누굴 닮았는지 공부머리가 없네' 이런 식으로 두루뭉술한 흑백논리 말고 구체적이고 객관적으로 파악을 해 보세요. 다시 강조하지만 아이가 잘하는 것을 파악하는 게 정말 중요해요.

협상이라고 표현했지만, 사실은 아이에 대한 미래계획을 아이와 함께 차근차근 세워가면 좋겠어요. 아이와 같은 생각, 같은 목표를 가지고 속도를 맞춰 함께 나아가 주세요. 아이와 함께 아이의 미래를 위해 현실과 조금씩 타협해 주세요. 협상 대상자는 현실이지 아이가 아니에요. 미리 시작하기만 한다면 오랫동안 협상안을 수정할 수 있습니다. 그리고 원하는 결과를 얻지 못하더라도 느닷없이 뒤통수 맞을 때보다 기분이 덜 나쁘니까 손해볼 일은 없겠죠?

POINT

아이와 엄마가 같은 편인지 확인해 보는 시간을 가져보자. 같은 목표를 공유하고 있는지 확인하자. 그리고 아이의 장점과 단점을 객관적으로 파악하도록 노력하고, 강점을 키워주는 방향으로 이야기 해보자.

아이와 자기소개서를 써보세요

자기소개서는 보통 취업이나 대입, 고입에서나 쓰지요. 꼭 써야할 상황이 아니라면 혼자 쓰는 일이 많지 않아요. 읽어줄 대상이 있어서 그에 맞춰 자기소개서를 쓰는게 아주 당연한 거지요. 달리 생각하면 진로설정의 과정 중 하나로 자기소개서를 써보는 것도 좋은 방법이에요.

아이의 자기소개서를 함께 써도 좋지만 아이와 엄마가 같이 앉아서 아이는 아이 것을 쓰고, 엄마는 엄마 것을 써보는 것을 추천해요. 자기소개서를 쓰며 자연스럽게 자신을 돌아볼 수 있거든요. 잔소리를 하는 것보다 몇 배의 효과를 얻을 수도 있어요.

시작은 편하게 자신의 장단점, 잘하는 것, 못하는 것, 좋아하는 것, 싫어하는 것, 하고 싶은 것, 하기 싫은 것들을 차례로 써보는 거에요. 몇 줄로 끝내면 안 돼요. 자기소개서의 기본은 구체적인 에피소드잖아요. 단순히 착하다, 좋았다 같은 말로 마무리 짓는 건 의미 없어요. 모든 이야기에 사례를 하나 이상씩 쓰고, 그 당시 느낀 점과 그 이후 달라진 점이 무엇인지를 꼭 쓰도록 하는 거지요. 시간과 분량을 정해서 써보세요. 그럼 더 집중하게 될 거에요.

다 쓴 후 서로 교환해 본다면 아이도 엄마를, 엄마도 아이를 조금 더 이해할 수 있지 않을까요? 이 과정에서 가장 큰 소득은 본인을 돌아 볼 수 있는 기회를 가질 수 있다는 것, 그리고 덤으로 글쓰기 연습도 하는 거죠. 당장 코앞의 입시만을 위해서 원서접수 전에만 급하게 쓸 필요가 없잖아요. 미리부터 많이 써보고 천천히 연습하고 정리해 나가면 실전에서 좋은 결과를 얻는데 도움이 되지 않을까요? 어차피 자기소개서가 없어지는데 할 필요 없지 않나 생각하지 말고 이 작업을 주기적으로 해주면 좋겠어요. 별거 아닌 거 같지만 내 인생을 돌아보고 미래를 상상하는 것이 생각보다 재미있어요. 자기최면도 되고 메타인지도 할 수 있는 거지요.

POINT

진로탐색을 머릿속으로 생각만 하지 말고 글로 써보는 것이 중요하다. 주기적으로 이런 시간을 아이와 함께 보내는 루틴을 만들어보자.

8

입학처 이야기

이제 입시준비는 다 한 거예요. 그동안 공부한 것을 바탕으로 아이와 함께
대입전략을 세워 차근차근 준비하면 됩니다. 이젠 실전에서 필요한 정보를
알려드려요.

입학상담의 골든타임

입학상담을 하기 가장 좋은 시간은 언제일까요? 한 마디로 얘기하면 원서접수하기 직전이 가장 좋아요. 보통 수시모집은 장기적으로 생각하고 고등학교 입학하자마자부터 컨설팅 받는 분이 많은데요, 수시·정시 가리지 않고 입학상담은 원서접수 직전이 실질적으로 도움이 됩니다.

일단 아이의 상황이 명확히 정리 되어있으니 질문도 정확히 할 수 있어요. 질문이 정확할수록 필요한 정보를 더 잘 얻을 수 있는 것 아시지요? 특히 상담자들도 상담의 경험치가 쌓이면 정보의 양도 많아지니 상담의 질도 높아질 수 밖에 없어요. 미리부터 상담을 받는 것도 좋지만, 한두 번 상담으로 결론 내리는 것 보다는 얻은 정보를 구별하고 선택하는 과정을 여러 번 하는 것이 좋아요. 한 번만 해야 한다면 단연 아주 마지막 순간이고요.

　요즘은 수시모집 입학상담을 아예 컨설팅이라 불릴 정도로 장기적으로 보는 분이 종종 있어요. 고등학교 1학년, 심하면 중학생 엄마들도 미리 상담을 받는 경우가 많아요. 어떨 때는 엄마들이 대입에서 주인공이 아이라는 것을 잠시 잊은 듯 느껴질 때도 있어요. 하지만 엄마가 아무리 정보를 많이 알고, 열성적으로 나선다 해도 아이가 성적이 좋지 않으면 아무 의미가 없는 게 입시잖아요. 게다가 성적은 상대평가니까 아이가 열심히 한다고 해서 무조건 원하는 만큼 성적을 잘 받을 수 있는 것도 아니잖아요. 정확한 재료(아이의 성적)가 없으니 미리 받는 상담은 별로 의미가 없어요. 그저 엄마의 불안감 해소, 대입전반에 대한 개인 레슨정도의 의미를 두신다면 모를까 정말 실전에 쓸만한 정보는 거의 없어요. 그러니 아이가 저학년일 때 받는 상담은 가벼운 마음으로 듣길 바라요. 그 말 한마디 한마디에 일희일비할 필요없어요. 그래서 고가의 컨설팅도 권하고 싶지 않아요.

　그렇다고 손 놓고 있을 수만 없다면 아이가 재학 중인 학교의 입시

설명회(고3 학부모 대상이겠지만, 양해를 구하고 참석 하는 분들 많아요)에 참석해 보세요. 요즘은 대부분 고등학교에서 학부모 대상 설명회를 진행하며 입시결과를 공개하거나 합불 사례에 대해 설명해줍니다. 수시, 특히 학생부종합전형은 고등학교내의 활동이 중요하니 해당 고등학교에서 어떤 방식으로 대학에 진학하는지를 미리 알아보는 것도 의미가 있거든요. 개별상담을 미리 받고 싶다면 '아이가 재학 중인 고등학교'의 '대입 지도 경험이 있는 교사'에게 받아보는 것을 추천드려요.

전국의 모든 아이들을 대상으로 하는 컨설팅은 학생부교과, 수능 위주처럼 정량평가 전형에서나 도움이 될 거예요. 상담을 받는다 해도 모두 아는 이야기, 혹은 예전의 사례를 중심으로 '이야기'를 해줄 거예요.우리 아이와는 상관없을 가능성이 높아요. 상담을 아예 받지 말라는 의미는 아니지만 이 점 꼭 마음에 새기고 상담에 임하면 좋겠어요. 너무 기대하거나 맹신하지 말고 불안해하지도 마세요.

POINT

미리 준비하는 것도 좋지만, 아이가 입시의 주인공이란 사실을 잊지 말자.

공짜 입시컨설팅 받는 법

누누이 강조하지만 입학상담은 많은 사람에게 많이 받을수록 좋아요. 공짜라고 질이 떨어지지 않고 비싸다고 우리 아이의 인생을 맡길 수 있을 만큼 완벽하지도 않아요. 그러니 공짜 상담을 많이 받는 것을 강력추천 해요.

코로나 방역을 위해 면대면 행사가 거의 없어졌습니다. 온라인으로 진행되는 일상에 익숙해지고 있지요. 등교를 자주 하지 않으니 공교육 교사보다 사교육 교사에게 더 친밀감을 느끼고, 사교육 교사에게 상담이 늘었다는 전문가 인터뷰가 나올 정도가 되었지요. 그 영향인지 대학 자체에서 만든 인터넷 상담프로그램 이용 횟수가 많이 늘었어요. (대학교 입학처 홈페이지에 대부분 탑재되어 있어요) 대신 대학교에 걸려 오는 상담전화가 많이 줄었습니다. 그리고 전화 상담은 대부분 학생 부종합전형 지원자예요. 교과, 논술, 정시 지원자는 상담이 많지 않아 요. 하지만 요즘 입시는 워낙 평가방법이 대학별로 다양해서 정확히 알려면 궁금한 것을 사람에게 직접 물어보는 게 가장 유용한 정보를 얻을 수 있어요. 물론 여러 대학을 한꺼번에 정리해 놓은 준 인터넷 사이트가 보기엔 좋지요. 하지만 그 정보가 어떤 기준으로 정리된 것 인지 표시하지 않은 경우가 대부분이에요. 분명 어딘가 빈 곳이 있어 요. 모든 대학을 한 개표로 정리할 수 있을 만큼 대학입시가 똑같지 않거든요. 삭제하거나 임의로 수정한 부분이 있을텐데, 그 부분에 대 한 설명이 없다면 이상한 거예요. 그리고 그 부분이 어쩌면 우리 아이 에게 아주 중요한 정보일 수 있어요. 그러니 전화통화라도 직접 사람 에게 정보를 얻으면 좋겠어요.

입시정보를 많이 알아보는 것은 좋지만, 우리 아이에게 정말 도움 이 될지 아닐지는 판단할 수 있어야 정보도 가치가 있어요. 나와 있 는 숫자를 액면 그대로 믿기 보다는 어떻게 나온 숫자인지 확인해 주 세요. 그리고 우리 아이에게 필요한 정보가 무엇인지 정확히 알고 있 어야겠지요.

코로나가 터지기 전까지만 해도 대교협에서 전국의 대학을 모아놓고 하는 입학정보박람회가 일대일 상담의 좋은 기회였어요. 여러 대학이 부스를 차려놓고 입학사정관이 일대일 상담을 하니 미리 면접경험도 할 수 있고, 궁금한 것을 편하게 물어볼 수 있는 기회가 되었으니까요. 일대일로 자기 학생부를 다 보여주며 평가받는 기분을 미리 경험 해보는 게 정말 중요하거든요. 조금 민망해도 학생부와 자기소개서를 입학사정관에게 들이밀 수 있었어요. 그렇게 연습을 해 보면 실전에서 조금 더 편안하게 면접을 볼 수 있으니까요. 그런데 사회적 거리두기 상태가 장기화 되고 보니 입시 정보취득의 제일 중요한 기회인 일대일 상담이 사교육업체 컨설팅의 몫이 되었습니다. 사교육업체의 컨설팅을 받는 것이 무조건 나쁜 건 아니에요. 많이 들으면 들을수록 교집합이 나옵니다. 결국 그렇게 수렴된 결과들을 모아 내 입시전략을 만들어 놓으면 좋으니까요. 그런데 사교육기관 컨설팅은 일단 돈이 들어가니 많이 하기가 어렵지요. 또 가격도 천차만별입니다. 가격만큼 가치가 있는지도 미지수예요. 우리 아이 인생에서 가장 선순위의 일이니 비싼 컨설팅 딱 한번 받고 무조건 맹신하는 학부모도 생각보다 많아요. 딱 한번 받는 상담을 신탁처럼 믿는 것은 정말 안 될 일입니다. 어떤 상담이든 참고용이라는 걸 절대 잊지 마세요!

앞 장에서 설명한 것처럼 대교협에서는 온라인으로도 입학상담을 진행하고 있어요. 서울진로진학정보센터에서도 행사를 진행하고 있고요. 그리고 대학 입학처에서도 온라인과 전화로 상담이 가능해요. 몇 개 대학을 정해 입학처에 전화를 해보세요. 같은 학교 입학처라도 전화를 받는 사람에 따라 상담의 질과 양이 완전히 다르니 꼭 가고 싶은 대학이라면 여러 번 전화하는 것도 좋은 방법입니다. 모집요강에도 나와 있는 단순 문의도 괜찮지만, 모집요강에 나와 있지 않은 궁금한 것들을 물어보세요. 합불 예상 질문은 사람에 따라 개인적인 의견정도는 말해 줄 수 있어요. 입시전반에 대한 설명을 요청할 수도 있고, 놓쳤던 부분을 대학에서 알려줄 수도 있어요. 수험생은 입시가 대부분 처음이지만 대학은 해마다 하는 일이니 더 잘 알겠지요. 많은 엄마들이 한 번 전화해 본 느낌만으로 그 대학을 평가하는 경향이 있는데요. 보통 입학처에는 스무 명이 넘는 사람들이 상담을 합니다. 어떤 상담자를 만날까는 그 날의 운도 작용해요. 그러니 여러 번 전화할수록 더 많은 정보를 얻을 수 있어요. 그리고 궁금한 것은 다 물어보세요. 모집요강에 나오는 이야기들은 사실 한명에게만 물어봐도 충분하지만, 그 외의 것도 대입과 관련하여 궁금한 것이 있다면 일단 물어보는 것 추천합니다. 대답을 안해주면 어쩔 수 없지만 일단 궁금한 건 모두 물어보세요.

직원에게 물어보는 것만 꿀정보가 아니에요. 요즘 대학의 행정사무

실에는 국가근로장학생들이 있어요. 보통 맨 처음 전화를 받는 사람은 대부분 이 학생들입니다. 학생이랑 얘기하려고 전화한 건 아니라고 실망하지 말고 거꾸로 활용하세요. 이 학생들은 우리 아이가 원하는 대학의 입시를 직접 치르고 합격한 거잖아요. 물론 대표성은 없어요. 하지만 생각해 보면 온라인에 떠돌아 다니는 온갖 사례들도 대표성이 없기는 마찬가지예요. 그렇게 특별한 사례보다 오히려 평범하게 입학한 학생의 이야기가 우리 아이에게 도움이 될 수 있어요. 모집요강에 나와 있는 단순 문의도 좋지만, 실제 아이의 입시경험을 물어보면 어떨까요? 입학사정관보다도 더 유용한 정보를 알고 있는 경우가 많아요. 특히 직원들이 답해줄 수 없는 학과 분위기, 장학금, 기숙사, 교통편 같은 비공식 정보를 아주 잘 알고 있어요. 그리고 꼭 고3만 전화하란 법은 없습니다. 1, 2학년 때부터 전화해서 궁금한 것을 물어봐도 괜찮아요. 아이에게 동기부여도 시킬 겸 한 번씩 전화해 보라 제안해 주면 어떨까요?

POINT

입시상담을 받는 방법은 비싼 컨설팅만 있는 것이 아니다. 대학교 입학처에서 다양한 정보를 알 수 있으니 활용해 보자.

입결자료를 볼 수 있는 곳

요즘같이 대입이 복잡한 시기에는 배치표가 절실하죠. 물론 배치표가 있지만 수시는 배치표를 봐도 애매하긴 마찬가지입니다. 그렇다면 배치표를 대신할만한 자료가 없을까요?

정량평가와 정성평가에 따라 참고할만한 정보가 달라요. 정량평가 시험은 '대학 어디가' 사이트를 보면 충분히 자료를 얻을 수 있어요. 숫자로 소숫점까지 아주 자세하게 나와 있어서 자칫 합불기준이라 오해할 수 있는데요, 이미 끝난 입시의 결과일 뿐이에요. 우리 아이가 치를 입시는 분명 다른 결과가 나올 것이란 인지만 하고 있다면 참고자료가 많아요. 요즘은 컨설팅 업체에서 전반적으로 성적을 보여주기보다는 본인의 성적과 학과를 입력하면 합불여부를 예측해 주는 프로그램을 많이 사용해요. 저는 이 프로그램이 수험생에게 오히려 안 좋은 영향을 끼치는 거 같아요. 시야를 좁게 만들어서 그 대학과 그 학과에 매몰되게 만드는 경우를 많이 봤거든요. 그러니 가능하면 표로 나와 있는 자료를 보는 것 추천해요. 일단 시야를 축소시키지는 않으니까요.

그리고 수시에서 학생부 교과 전형 지원자는 '대학 어디가'사이트의 점수 분포를 보기 전에 그 결과가 수능 최저학력기준이 적용된 것인지 여부를 꼭 확인하세요. 수능 최저학력기준이 있다면 그 기준을 맞춘 학생을 먼저 걸러낸 후 학생부성적으로 입학사정을 해요. 그러니 상대적으로 학생부성적이 낮을 가능성이 높아요. 대학별, 연도별로 수능 최저학력기준 적용여부도 다르니 꼼꼼하게 살펴보면 대략 우리 아이가 어느 정도 지원 가능한지 볼 수 있습니다.

그리고 학령인구가 점점 줄어가니 학생부 등급 받기가 점점 힘들어지겠지요. 하지만 대학에서 선발하는 인원수는 거의 비슷합니다. 결론적으로 말하면 해마다 입학 점수가 낮아질 수 밖에 없는 것이 학생부교과전형인 거지요. 그 부분도 감안하고 지원하세요. 특히, 2022학년도부터는 대부분의 수도권 대학이 학교장 추천을 받아 지원하게 하고 있어요. 그러니 경쟁률이 많이 낮아질 거예요. 그럼 입학 점수는 더 낮아지겠죠.

학생부종합전형에 지원할 때 참고할 수 있는 자료는 무궁무진 하지요. 요즘 난무하는 입시자료가 대부분 학종 자료니까요. 문제는 대부분 우리 아이에게 크게 도움이 되지 않아요. 그래서 가장 먼저 확인해야 할 자료는 아이가 재학 중인 학교 선배의 입시결과입니다. 특히 최근 입시결과가 많은 참고가 될 거예요. 가능하면 최근 3년 이상의 학종 입결을 전반적으로 파악하세요. 합격 인원도 중요하지만 인문계열, 자연계열별로 합격한 학생들의 점수대까지 알면 도움이 될 거예요. 아이가 가고 싶어 하는 대학과 학과 합격생이 있다면 어떤 특징이 있는지 가능한한 자세히 교사에게 물어보세요. 학종은 대학 위주의 입결보다 재학하는 고등학교의 입결이 더 도움이 돼요.

논술고사에 지원할 때는 해당 대학 기출문제 풀어보세요. 그리고 아이가 직접 점수를 매겨보는 것이 중요해요. 예시답안뿐 아니라 실제 합격생의 우수 답안까지도 나와 있어요. 그리고 논술설명자료 나

동영상으로 채점기준이 아주 상세하게 나와있어요. 꼭 확인해야 해요. 소문항별로 배점이 정해져 있어서 대략 점수를 매기는 것은 어렵지 않아요. 아이의 점수를 매겨 보았다면 '대학 어디가'에 들어가서 합격자의 논술 점수 분포를 확인하세요. 그 점수와 아이의 점수를 비교하면 좋아요. 최소한 3개년도 이상의 기출문제, 예시문제 풀어본 후 아이에게 맞는 문제인지 아닌지 결정하세요. 아마 그 결정은 아이가 직접 정확하게 할 수 있을 거예요. 수능 최저학력기준이 있는지도 꼭 확인해야 하고요.

수능위주 전형도 정량평가이니 '대학 어디가'를 보면 됩니다. 사교육업체에서 수능은 배치표도 제작해 배포하기도 하는데요. 이 배치표를 잘 보면 기준이 수능백분위 점수로 만든 합격 예상표예요. 하지만 백분위 점수로 학생을 뽑는 중상위권 대학은 없어요. 그러니 대략적인 점수 분포를 보여주는 자료라는 것을 명심하고 봐야해요. 게다가 대부분 대학이 사용하는 수능의 표준점수도 상대평가이기 때문에 학령인구 감소의 영향을 받아 해마다 점수가 낮아지고 있는 추세에요. 그런데 배치표는 백분위 점수 1점, 2점 기준으로 학과와 대학을 갈라났어요. 그래서 정확한 자료라 착각하고 결과에 매몰되기 쉬워요. 결국은 대학별로 본인의 환산점수를 모두 계산해 보고 소신껏 지원하는 것이 필요해요. 환산점수의 결과도 '대학 어디가'에 대학별, 학과별로 다 나와 있어요. 원하는 대학의 환산점수는 꼭 계산한 후 결과를 예상하는 시간을 가져보길 바라요.

POINT

전형별로 참고할만한 입결자료가 다르다. 전형별 특성에 맞게 필요한 정보를 얻기 위해서는 입결자료의 특징을 알아야 한다.

정시 배치표의 비밀

배치표의 점수는 보통 백분위 점수예요. 그것도 국어, 수학, 탐구(두 과목의 평균)의 합이에요. 영어는 등급제니까 백분위를 알 수가 없으니 제외합니다. 그래서 총점이 300점이에요. 전국의 모든 대학을 한 표 안에 같은 기준으로 넣어야하는 상황이니 나름의 공통 기준을 만든 거지요. 문제는 대학에서는 대부분 표준점수로 환산해서 학생을 선발해요.

또 백분위 점수는 수험생 숫자가 줄어들수록 낮아질 수 밖에 없어요. 100명이 시험봤을 때 백분위 점수 90점은 10명이지만 50명이 시험

봤을 때 백분위 점수 90점은 5명이니까요. 같은 수를 선발한데도 커트라인이 낮아질텐데, 정시 선발인원이 늘어나고 있으니 커트라인은 당연히 낮아집니다. 충분히 감안하셔야 해요.

참고로 표준점수는 수험생이 받은 원점수가 평균에서 얼마나 떨어져 있는지를 나타내는 점수입니다. 한 마디로 해마다 달라지는 난이도를 어떻게든 반영해 보려는 노력인데요. 동일한 원점수라도 시험이 어려우면 표준점수가 높게 나오고, 시험이 쉬우면 표준점수가 낮게 나온다 정도로 생각하면 될 것 같아요. 백분위 점수와 비슷한 개념이지만 내가 평균에서 얼마나 떨어져 있나 정도를 표준편차까지 고려하여 좀 더 자세히 표현한 거라서, 백분위 점수만큼 수험생 숫자에 영향을 받지 않아요.

그럼 표준점수의 합으로 배치표를 만들면 안될까요? 대학에서는 표준점수의 단순 합으로 학생을 선발하지 않아요. 영역별로 가중치를 주기도 하고, 만점을 학생의 점수로 나누어 표준점수 자체를 백분위 점수로 만들기도 해요. 일괄적으로 모두 표준점수만 쓰지도 않아요. 영역별로 다르게 쓰는 대학도 있어요. 게다가 탐구는 학생마다 선택과목이 다르니 대학마다 표준화 방법이 조금씩 달라요. 그런데

이 복잡한 과정들을 다 없애고 보여주는 게 배치표라는 거지요.

결국 배치표는 대략 분위기 파악에서만 써야하는 자료에요. 내 아이의 위치가 어느 정도일지 감도 못잡는 처음에 한번 쓰일 수 있지만, 실제 원서를 쓰기 위해 대학과 학과를 정할 땐 도움되진 않아요. 아니 오히려 해가 될 수 있어요. 배치표에 백분위 점수와 대학별 학과가 세밀하게 써 있거든요. 소숫점까지도 나와 있어요. 그렇다보니 저절로 착각을 하게 됩니다. '우리 아이의 백분위 점수의 합이 271점이니까 가군은 소신지원으로 273점대로, 나군은 안정지원으로 265점대, 다군은 하향지원으로 260대로 해야 되나 보다' 이런 식으로 말이죠. 점수를 숫자로 워낙 세밀하게 해놔서 칸별로 점수 차이가 고작 백분위 평균 1점 차이 정도입니다. 그런데 그 표를 보는 순간 '이 학과는 너무 높아서 안 되겠다', '이 학과는 낮으니까 당연히 합격하겠구나' 같은 생각을 할 수밖에 없도록 만들어져 있어요. 가뜩이나 정보가 부족하고, 이해하기 어려워 무엇이든 눈에 확 들어오는걸 보고 싶어 하는 학부모와 수험생에게는 배치표만큼 편한 게 없으니 더욱 위험한 것이죠.

그럼 정시지원은 어떻게 하는 게 좋을까요? 아이의 점수를 가장 먼저 봐주셔야 해요. '다 일등급이네' '백분위 평균 90%네' 정도로는 안돼요.

우리 아이가 모든 과목의 점수가 고르게 나왔다면 과목별 가중치가 고르게 분포되어 있는 대학을 고려해 주세요. 반대로 과목별로 점수 차가 크다면 아이에게 유리한 과목에 가중치를 주는 대학을 찾으면 됩니다. 그런 대학을 추려 대학별로 환산점수를 내보는 거죠. 그 환산점수에 따라 결과를 예상해 보세요. '대학 어디가' 사이트를 활용해도 되고 대학에 전화해서 작년이라면 어땠을지 합불여부를 물어보는 것도 방법입니다. (물론 정확히 예측해 주는 곳은 없어요)

인구감소의 영향으로 상대평가로 나온 점수는 해마다 낮아질 수밖에 없어요. 특히 수능시험의 경우는 하위권 학생들이 시험을 안보는 경우가 많아요. 수능시험보다는 학생부가 더 유리한 경우는 수능시험을 포기하는 비율이 높거든요. 수능은 성적이 비교적 좋은 수험생이 응시하는 시험이니까요. 그리고 정시선발 인원이 늘어나고 있어요. 같은 성적이라도 백분위 점수는 떨어지지만 뽑는 인원수가 점점 늘어나니 마지막 합격생의 점수가 해마다 낮아질 수 밖에 없어요.

물론 배치표로 대학을 선택하는 게 가장 편합니다. 하지만 아주 기초적인 참고 자료일 뿐, 실제 대학과 학과 선택에서 배치표에 의존하는 건 절대 안돼요. 힘들겠지만 발품과 손품을 꼭 파서야 해요.

POINT

정시배치표는 실제 평가기준이 아니다. 특히 소숫점에 매몰되면 안된다.
대략적인 분위기 파악으로만 활용한다.

입학 상담의 속사정

"왜 상담하는 데마다 말이 달라요?" 많은 분들이 비슷한 질문을 해요.

사교육업체와 대학에서 하는 상담내용이 다른 건 당연합니다. 사교육업체는 전국의 모든 대학을 대상으로 상담을 진행하니 내부에서 만든 자료상 A대학이 불합격이 예상되면 B대학을 추천하면 되니까 쉽게 불합격 판정을 하고 다른 대학 추천이 가능합니다. 또 사교육업체는 입시결과만 가지고 상담을 하지 않아요. 입시환경을 고려하고 또 실시간으로 상담하는 수험생의 자료로 때때로 업데이트를 하며 예측률을 높이려고 계속 노력하지요. 그래서 결과가 계속 달라지는 경우가 많아요. 사교육업체의 의견이 포함된 결과이니 맹신은 금물입니다.

그럼 대학에서의 상담은 어떨까요? 보통 대학에서는 일관적인 상담결과 도출을 위해 상담프로그램을 만들어 내부 구성원이 공유하고 있어요. 그럼 대학에서의 상담은 답변이 같아야 하는데 왜 조금씩 다를까요? 문제는 답변이 다를 때는 이 프로그램에 점수를 입력했는데 전년도 기준으로 불합격이라고 나올 경우입니다. 사교육기관처럼 다른 대학을 추천해 줄수는 없는 노릇이지요. 함부로 올해 상황을 고려해 상담자료를 조정하기도 부담됩니다. 입학처에서 알려드리는 것은 그동안의 통계치예요. 입시결과를 함부로 속단할 수가 없으니까요. 결국 상담프로그램에서 같은 결과가 나와도 상담자마다 다르게 표현하는 경우가 생겨요. 상담자도 사람인지라, 우리 대학에 관심을 가지고 문의를 했는데 딱 잘라서 '불합격이 예상되네요' 라고 말하기 쉽지 않아요. 그래서 애둘러 말하는 경우가 꽤 있어요. 보통은 '상향지원이라고 생각하셔야 할 것 같다' 혹은 '다른 학과를 추천한다' 등으로 표현하는 경우가 있어요. 상담자 입장에선 미래의 일을 함부로 단언할 수 없잖아요. 이렇게 애둘러한다는 마음까지 잘 읽어주면 좋겠지만, 이미 답을 정해놓고 물어보는 경우가 대부분이라 받아들이는 쪽에서는 이런 대답만으로도 충분히 합격이 가능하다고 여기는 것 같아요. 예측 불가능한 일에 대해 단언할 수 없는 대학의 사정도 이해해 주세요.

수시, 정시 상담을 비교해서 설명드리면 입시결과는 수능 성적으로 선발하는 정시 상담이 훨씬 예측률이 높지요. 오히려 수시는 성적자료가 애매하고, 실제 평가방법이 애매해서 상담이 수험생에게 즉각적으로 도움이 되지 않아요. 설명하는 사람조차도 그동안의 상황에 대한 이야기를 결과론적으로 하는 것이지 수험생이 원하는 앞으로의 평가에 대한 이야기를 할 수 없어요. 그런데 아이러니하게도 수시 상담에는 수험생과 학부모가 경청합니다. 자료가 정확치 않아도 크게 개의치 않아요. 반면에 정시 상담은 아이의 수능성적표만 봐도 합불여부를 예측할 수 있다보니 상담이 꽤 중요한데도 합불만 문의합니다. 당장 답을 해주길 바라는 분들이 많아요. 상담을 위해 참고하는 자료는 작년위주의 자료인데, 올해의 상황을 감안해서 지원했으면 좋겠다는 전제조건을 설명드려도 듣지 않는 분이 꽤 많아요. 말을 뚝 자르고 그냥 결론만 원하는 경우까지도 종종 있어요. '그러니까 돼요? 안 돼요?' 라며 답을 강요하는 분이 많아요. 입학처 직원의 능력을 과대평가해 주는 건 고맙지만 그건 신의 영역이지요.

정시위주의 입시일 때는 한 대학에 한 번만 상담하는 게 일반적이었어요. 어차피 숫자를 가지고 상담을 하는 것이니 답이 다를 이유가 없다는 생각이 만연해 있었던 것 같아요. 수시모집이 주된 입시가 되면서부터 입학 상담도 한 대학에 여러 번 반복하는 분도 종종 생겼어요. 사실 수시는 상담이라기보다는 설명을 듣는 거지요. 전반적인 분위기를 느끼는 것이니 많이 할수록 도움이 되는 것이 사실이에요. 그래서 수시에서 전화상담은 대면상담에 비해 크게 도움이 되지 않을 수 있어요. 학생부를 보여주며 상담을 받는 것이 그나마 아이에게 맞는 정보를 얻을 수 있는데, 그냥 말로만 적당히 '우리 아이가 국어는 1등급, 영어는 3등급, 수학과 과학은 2등급인데 그 대학에 갈 수 있을까요? 그래도 비교과는 많아요' 정도의 정보만으로는 도움이 되는 정보를 얻기 어렵잖아요. 이런 상황에서 코로나 사태가 계속 이어지니 결국 사교육업체에 많이 의존할 수 밖에 없는 것 같아요.

그에 비해 정시는 전화로도 가볍게 상담이 가능해요. 5~6과목(한국사 포함) 성적만 불러주면 대학에서 환산점수를 알려줄 거고, 그 점수에 맞춰 그동안 입시결과가 어땠는지 학과별로 참고자료를 알려줄 수 있거든요. 예측 가능성도 꽤 높아요.

문제는 사교육업체 입시자료의 원천이 무엇인지 생각하지 않을 때 발생해요. 정시에서 보통의 학생들은 안정권(최초 합격가능 대학), 소신지원(충원1,2차 등 늘 충원이 도는 범위), **상향지원**(제일 마지막 충원에 붙을 수 있는 대학)

이렇게 3종류로 지원합니다. 이 3개 대학 중 결과가 궁금한 대학은 어디일까요? 컨설팅업체에 성적을 넣어보는 것은 당연히 상향지원 대학이겠지요. 실제 합격인증까지 완료할 만큼 기쁜 대학도 상향지원한 대학이고요. 결론적으로 사교육업체 데이터의 대다수는 상향지원한 학생의 데이터일 가능성이 높아요. 성적이 아슬아슬하지만 합격하면 정말 좋겠다는 마음으로 입력한 데이터란 이야기지요. 게다가 합격 인증한 학생의 숫자가 얼마나 되는지 공개도 되어있지 않아요. 그런데 합격한 학생의 점수를 소숫점까지 보여주고 방대한 데이터와 복잡한 알고리즘으로 나온 결과라고 하니 정확한 과정을 몰라도 무작정 믿게 되는 거지요.

믿고 싶어 하는 수험생과 엄마의 마음을 충분히 이해합니다. 하지만 꼭 기억하세요. 정보가 정확할 것이라 기대하게 하는 여러 가지 환경들을 일부러 만들어 놓은 것도 사교육업체에요. 말 한마디, 숫자 하나에 너무 좌지우지 되지 않았으면 좋겠어요. 실제 지원자의 점수는 접수가 완료되기 전까진 어느 누구도 알 수 없습니다. 그러니 입시정보는 분위기 파악용으로만 활용하고 실제 판단은 냉정하게 하기를 당부드려요.

그리고 한 가지 더 말씀드리면 보통은 입시컨설팅 가격이 만만치 않으니 한 개 업체만 선택해서 결과를 보고 대학의 홈페이지와 비교를 많이 하는데요. 사교육 컨설팅과 대학의 입시결과는 목적이 달라요. 사교육의 입시결과는 앞으로의 입시를 예측하기 위해 만든 자료예요. 지난 입시의 한정된 인원의 점수에 전문가의 의견이 들어간 자료입니다. 반면 대학의 입시결과는 말 그대로 결과에요. 등록생의 점수를 그대로 보여주는 거예요. 감안해야 합니다. 게다가 사교육업체는 같은 회사라도 입력하는 때에 따라 결과가 달라진다고 들었어요. 상담 횟수가 늘어날수록 데이터가 보강되니까요. 그러니 한 번만 컨설팅을 받으면 안되는 거지요. 한 업체에도 여러 번 받아야 하고, 한 곳의 결과만 믿기 보다는 여러 곳에서 결과를 받아봐야 해요. 문제는 이렇게 여러 곳의 결과를 받으면 결과가 다를 수 있어요. 결국 수험생이 대학과 학과 선택에 대한 기준을 명확하게 가지고 있어야 해요. 성적표를 아무리 들이밀어도 대학에서 사교육업체에서 아이의 적성과 기질, 미래를 다 고려하여 정확한 대학과 전형, 학과 선택을 대신해 줄 수 없어요. 소신이 얼마나 중요한지 아시겠지요?

처음부터 사교육업체 컨설팅을 안 받는 것을 추천하지만, 현실적으로는 쉽지않은 일이지요. 그럼 여러 곳을, 여러 번 받아야 해요. 한 곳만 맹신하는 건 정말 위험한 결정이거든요.

쉬어
가기

나에게 정말 중요한 것으로
대학선택을 시작하세요

　대학을 선택할 때 가장 많이 영향을 끼치는 것은 무엇일까요? 대학 인지도가 중요할 수 있고, 취업률이 중요할 수 있어요. 장학금이 중요할 수도 있어요. 그런데 실제 대학 선택을 할 때 교통 편이 꽤 영향력을 발휘해요. 특히 여러 대학에 동시 합격할 경우 그렇습니다. 하지만 진로탐색을 하며 대학과 학과를 정할 땐 그렇게 중요하게 고려하지 않아요. 대학 선택시에는 보통 합격가능성이 가장 선순위지요. 그래서 많은 수험생들이 합격한 학교에 대한 만족감이 높지 않아요. 원서를 쓰기 전, 본인에게 중요한 것이 무엇인지 진지하게 고민하는 과정을 건너뛰었기 때문이 아닐까 해요.

그래서 대학을 선택하기 전 가장 중요하게 여기는 것이 무엇인지 진지하게 생각하는 시간을 가져야 해요. 아이와 엄마가 함께 이야기도 많이 해야 해요. 서로 간에 원하는 것을 다 끌어내놓고 솔직하게 내 마음을 들여다보며 정하는 게 좋아요.

대학은 일반적으로 공유되고 있는 마음 속의 순위가 있는 상품이에요. 순위에 맞춰 합격권이 정해져 있고 그 순서대로 대학에 입학하지요. 인서울이란 말이 생긴 이유는 대학브랜드를 가장 선순위로 생각한다는 반증이겠지요. 그리고 의외일 수 있지만 통학여부, 교통 편 등에도 많이 좌우돼요. 경제적인 것과 직결된 거니까요. 기숙사 비용도 만만치 않고, 한 가구 당 들어가는 최소 비용은 나이와 상관없이 거의 비슷하니까요. 갑자기 연간 최소 천 만원정도가 추가로 들어가는 격이니 부모 입장에선 부담이 될 수 밖에 없어요. 그래서 복수 합격된 학생들이 교통편을 최우선으로 고려하는 경우가 꽤 있어요. 어떤 것이 좋다 나쁘다 라는 의미가 아니에요.

처음 대입 계획을 세울 때와 원서접수를 할 때, 그리고 등록할 때의 선택 기준이 조금씩 달라져 있는데, 잘 모르고 넘어가는 경우가 많아요. 그러다보니 애초의 계획과 실제로 아이가 다니는 대학과 학과는 완전히 동떨어진 곳이 되는 사례가 심심치 않게 있어요. 그래서 합격한 대학에 대해 만족도가 떨어지고, 반수나 편입하는 학생이 늘어나는 것 같아요.

이런 현실을 감안하여 최초 계획부터 학교 선택 기준의 선순위를 확실히 정하고 그 순위에 맞게 전략을 짜고, 아이의 진행방향(점수)에 맞게 전략을 수정해 나가면 좋겠어요.

정시 대학 선택 시 고려할 것

충원 합격 발표를 할 때 이중, 삼중으로 대학을 등록하고 결정을 내리지 못하는 수험생들이 종종 있어요. 정상적이라면 원서를 쓸 때 대학 선택의 고민이 끝나있는 게 맞아요. 대학을 선택할 때는 보통 이런 기준으로 선택해요. 예를 들어 정시의 경우 1순위는 충원 마지막 정도에 합격할만한 아슬아슬한 대학(문닫고 들어간다고 표현하지요), 2순위는 충원이 으레 도는 범위 안에서 합격권인 대학, 3순위는 최초로 합격할 만한 대학을 선택하지요. 보통 상향, 소신, 안정권이라고 표현해요. 대학 선택은 이렇게 원서접수 시기에 완료가 되어 있어야 해요. 합격 발표가 시작되면 안정 지원한 3순위 대학에서 최초 합격 발표를 듣고 등록을 합니다. 충원 합격 발표 기간 중에는 2순위 대학에서 합격 발표를 듣고 3순위 대학을 취소하고, 2순위 대학을 등록합니다. 그리고 마지막 날까지 1순위 대학을 기다려보는 거지요. 이렇게 원서 접수를 해 놓으면 어느 대학에 등록할까 고민할 이유가 없습니다. 합격 발표가 나면 바로 등록 취소를 할 수 밖에 없게 미리 정리를 해놓고 시작하는 게 정석이에요.

그런데 사교육 컨설팅을 받으면 합격권 몇 개 대학, 몇 개 과를 추천해 주잖아요. 그 대학 3개를 그냥 접수하는 경우가 많아요. 요즘은 특히 사람에게 직접 컨설팅을 받지 않고 프로그램을 통해 결과로 나오니 더욱 이런 경우가 많아졌어요. 합격 예상 대학이니 당연히 점수가 비슷비슷한 대학이지요. 결국 붙으면 세 곳을 다 붙고 떨어지면 세 곳을 다 떨어지는 거지요. 그리고 다 붙은 학생들이 어떤 대학을 등록해야 하나 원서접수할 때 보다 더 고민을 하게 되는 거예요. 이 대학은 비전이 있고, 저 대학은 대중교통이 편리하고, 그 대학은 학과가 좋아보이고 등등 그제야 장단점을 따져가며 계속 고민을 합니다. 왜 전국의 모든 대학을 선택할 수 있었을 때는 이렇게 요모조모 따져보지 않고, 이렇게 딱 두 세 개의 선택권이 생기니 그때야 비로소 따지는 걸까요?

결국 이런 일은 사교육에서 해주는 컨설팅에 주도권을 뺏길 때 일어나는 거지요. 사교육에서 컨설팅 받는 것이 잘못된 것이 아니라 컨설팅에서의 범위를 설정해 주서야 해요. 컨설팅에서는 합격 가능성을 예측해 주는 곳이지, 대학 입학을 책임져 주고 결정해 주는 곳이 아니잖아요. 사교육업체에서는 내 아이의 미래를 생각하며 모든 것을 고려해 답변을 줄 순 없어요. 물어보는 것에 대한 답변만 해줄 뿐이지요. 사교육에서 추천해 주는 대학이 상향, 소신, 안정 중 어느 범위인지 정하는 건 아이와 엄마의 몫입니다. 최종 결정도 아이와 엄마의 몫입니다. 책임은 아이만 지는 거고요. 잊지 말아 주세요. 한순간이라도 주도권을 넘기는 것은 금물입니다.

POINT

대학선택은 원서접수 시에 이미 정해져야 한다. 합격 발표 후 선택을 고민하지 말자. 특히 사교육업체에 대학선택의 주도권을 넘기면 안된다. 결국 마지막에 결과를 감당해야 할 사람은 아이라는 것을 잊지 말자.

쉬어
가기

부정적 기록이 있는 학생부

부정적인 기록이 있는 학생부를 가진 경우에 대해 원서접수 직전에 심심치 않게 문의가 들어와요. 특히 학교폭력 기록이 있는 경우에 대한 문의가 꽤 있어요. 학교폭력이 심해지고 있다는 의미라기보다는 사회적으로 학교폭력에 대한 민감도가 높아졌다는 의미라고 대학에서는 이해하고 있어요. 그럼 학교폭력 기록이 있는데, 학생부종합전형을 지원해도 괜찮을까요? 대답은 글쎄요… 입니다.

학폭 기록이 있는 학생이 지원하면 대학에서는 고등학교에 교사가 작성한 소명서를 제출하도록 요청해요. 대부분 '피치 못해 그런 일이 있었다. 그 이후에는 절대 그런 일이 없었다'라고 하니 소명이 잘 됩니다. 인성항목에서 치명적으로 점수가 깎이는 일도 잘 일어나지 않아요. 그러니 문제가 없는 거 아니냐고 생각할 수 있겠지만, 상대적으로 자기소개서나 면접에서 자신의 장점을 설명할 수 있는 기회가 줄어들어요.

자기소개서는 항목별로 글자 수가 제한되어 있습니다. 그 한정된 공간에서 학교폭력 기록에 대한 이야기는 일체 하지 않고 자신의 장점만 언급한다고 가정해 보세요. 공동체 의식 부분에 잘 하고 있다는 이야기만 쓰면 학교폭력 기록이 학생부와 아귀가 맞지 않은 느낌이 듭니다. 그렇다고 비좁은 자기소개서에 그와 관련된 이야기를 쓰면 아예 항목 하나를 통째로 날리는 거지요. 쓰는 게 낫냐, 안 쓰는 게 낫냐 많이 문의하는데요, 정답이 없어요. 평가자별로 다른 시각을 가지고 있으니 딱 잘라 말씀 드릴 수 없어요. 언급하냐 안하냐는 본인의 선택에 달려있어요. 그럼에도 불구하고 학교폭력 기록이 있는 학생인데 우수해서 면접까지 잘 갔습니다. 그럼 또 면접에서 학교폭력에 대해 당연히 물어보겠지요. 10분 남짓한 짧은 시간에 학교폭력에 대한 이야기로 시간을 다 보내는 거지요. 좋은 이야기가 아니니 수험생도 면접관도 기분이 좋지 않겠죠. 장점을 어필해도 시간이 부족한데 설명 혹은 변명만 하다가 시간을 다 보내는 격이지요.

학교폭력 기록이 있다고 대학입학시험을 포기할 필요는 없어요. 다만, 부정적인 기록이 학생부에 있을 땐 정성평가가 있는 전형은 피하는 게 좋겠어요. 교과가 좋으면 된다고 하지 않았냐고요? 비교과도 평범하거나 아예 기록이 없을 경우에 한한 이야기에요. 웬만한 학생들은 학생부, 자기소개서 어디에도 부정적인 내용은 없는 것이 일반적입니다. 그런 중에 학교폭력은 너무 치명적인 단점이에요.

게다가 입시기간 내내 그 안 좋은 기억을 계속 후벼파야 합니다. 경쟁자들이 자신의 장점을 어필하는 자리에서 단점을 메꿔야 하는 거죠.

그런 관점으로 보면 미인정 결석, 조퇴, 지각이 있는 학생도 상황이 비슷해요. 설명하느라고 면접시간을 꽤 잡아먹어야 해요. 학폭이든, 미인정이든 없는게 정상이에요. 있으면 안 되는 일이지요. 하지만 일단 기록이 된 이후에 삭제할 수 없으니 방법을 찾는 게 맞지요. 만약 아이에게 이런 기록이 있다면 가능하면 학생부교과, 논술, 수능위주 등 정량평가만으로 된 전형에 지원하길 추천해요.

충원 합격자의 운

충원 합격자는 충원 발표 첫날과 마지막 날에 가장 많은 편이에요. 충원 첫날은 최초 합격자들이 대부분 여러 대학에 합격을 했으니 빈 자리가 많이 나올 수밖에 없어요. 그래서 한 번 정리가 되니까 최초 충원 합격 발표 인원이 가장 많아요. 그리고 그 빈자리가 정리되면서 조금씩 충원 합격자 숫자가 줄고, 그 숫자가 줄어드니 취소자들도 줄어드는 상황이 계속됩니다. 최초 충원 합격 발표부터 며칠은 인터넷으로만 발표를 해요. 미등록자, 등록취소자 숫자가 10명이라면 충원 합격 발표를 10명을 온라인으로 하는 거지요. 하지만 전화 충원 합격 발표가 시작되면 조금 달라집니다. 자리가 10개라는 의미는 최소 10명의 합격자를 발표한다는 의미거든요. 그날 발표하는 충원 합격자와 직접 통화를 해서 등록을 하지 않겠다고 의사를 밝히면 다음 합격자에게 순위가 넘어가요. 미등록 의사를 밝히는 학생이 많으면 충원 인원이 그만큼 늘어나요. 그래서 전화 충원 합격 발표가 시작되면 조금 더 빠른 속도로 충원 순위가 내려갑니다. 하지만 그 인원도 무한정은 아니에요. 더 이상 충원 발표 자리가 없을 때까지만 발표를 하고 빈자리가 채워지면 바로 인터넷으로 결과를 발표하거든요. 발표 중간에 등록취소자가 생겨도 발표하지 않아요. 하지만 충원 합격 발표 마지막 날에는 마감 직전까지 대기를 하며 등록취소자가 생길 때마다 충원 합격자를 발표해요. 그러니 마지막 날에는 도미노의 속도가 빨라져요. 그래서 충원 합격 발표 인원이 첫날과 마지막 날이 가장 많은 거지요.

충원 비율은 결과적으로 보여지는 숫자에요. 통계이야기를 많이 하는데요. 실제 현장에서 면면을 보면 통계와는 다른 이야기구나 생각이 들어요. 생각지도 못한 일들이 많이 일어나거든요. 그래서 대입에서 성적도 중요하지만 운도 작용한다는 생각도 해요. 제가 직접 겪은 몇 가지 이야기는 이렇습니다.

첫 번째는 수시 등록자 중에서 재수나 유학을 결심하고 정시가 시작된 후 문서등록(예치금납부)를 취소하거나 본등록을 하지 않아 남는 자리에 합격하는 학생이에요. 입학사정관제(학생부종합전형의 전신) 초기에는 수시 합격자들은 대부분 등록을 했습니다. 정시로는 갈 수 없는 대학에 합격을 했으니까요. 만족도도 당연히 높았습니다. 그런데 인원이 선별 70~80%까지 늘어나면서 예전에 비해 만족도가 많이 떨어졌어요. 등록취소자들이 생기기 시작합니다. 학생부전형은 재수를 한다 해도 같은 학생부로 지원해야 해서 재수의 의미가 없으니 고민하는 시간이 길었던 거지요. 수시 충원 합격 전에 포기하면 수시의 해당 전형, 해당 모집단위에서 충원을 하지만 수시 합격 발표가 완료되고 난 후에 포기를 하면 정시에 이월되어 같은 모집단위 학생을 추가로 선발해요. 그래서 정시의 일반 전형 같은 모집 단위에서 추가로 선발 인원을 늘려요. 정시의 마지막 합격 학생은 본인이 얼마나 기로에 서있다 합격을 했는지 모르겠지만, 그런 학생을 우리 대학과 인연이 깊은가보다 라는 생각을 하게 됩니다.

두 번째는 같은 대학의 여러 전형에 지원하는 학생이 만든 빈자리에 합격하는 학생이에요. 다른 전형으로 같은 대학에 지원하고 모두 합격하는 아이들이 종종 있습니다. 그럴 경우 수험생이 학과와 전형을 선택할 수가 있어요. A전형 A학과에 합격해서 이미 등록을 해놨는데, B전형 A학과에도 충원 합격 발표를 받는 거지요. 그럼 어차피 학과가 같으니 고민을 안 할 거 같은데, B전형으로 바꾸는 수험생이 있습니다. 그럼 A전형 충원 합격 인원이 추가되는 거지요. 혹은 A전형에 그대로 등록하겠다면 B전형에서 충원 합격자가 생기는 거고요. 전형과 학과가 모두 다른 경우는 말로 뭐하겠어요. 이런 경우들은 종종 있어요. 마지막 빈자리를 채우는 수험생들들은 본인이 얼마나 위태위태한 갈림길에 있었는지 알 길이 없지요. 거꾸로 그 아이의 선택에 따라 합격할 수도 있었는데, 결국 예비순위자로 끝난 수험생은 안타깝지만요.

세 번째는 수능 최저학력기준으로 바뀌는 상황이지요. 수능 최저가 있는 전형 중 면접이 있는 전형에서는 면접 대상자 발표 시기에 따라 희비가 엇갈려요. 수능성적 발표 이후, 혹은 이전에 면접을 하는가에 따라 1단계 합격여부가 갈릴 수 있어요. 수능 최저학력기준은 통과했지만 1단계 순위가 비교적 낮았던 수험생들은 그 시기에 따라 1단계 합격자가 될 수도 있고, 불합격자가 될 수도 있는 거지요. 1단계에 합격했다면 면접을 잘 봐서 최종합격자가 될 수도 있는 아이인데 1단계 순위가 낮아 면접대상자가 못 된다면 불합격자가 됩니다. 이 아이들은 어차피 수능을 잘 봤으니 정시에서 합격하는 경우가 대부분이에요. 결국은 다 장단점이 있는 거지요. 어떤 것도 좋다, 나쁘다 할 수가 없어요.

충원기간에 따라 당락이 갈리기도 해요. 수시는 6개의 원서를 쓸 수 있는데 충원 합격자가 많지 않아요. 수시에서 충원 합격자가 많은 전형은 학생부교과전형 뿐이에요. 정량평가이기 때문입니다. 전국의 모든 대학에서 원하는 학생이 거의 비슷하고 정확한 잣대가 있어요. 그래서 합격가능성 예측도 꽤 정확해요. 그런데 대학에서 원하는 학생의 숫자는 한정되어 있으니 최상위권부터 빈자리가 나오면 밑에서 올라가며 빈자리를 채우는 거지요.

나머지 학생부종합전형, 논술, 적성, 실기는 각 대학만의 잣대로 학생을 선발해요. 그래서 대부분의 대학에서 다른 학생을 선발합니다. 그래서 대부분의 학생이 그 학교만 합격하거나 기껏해야 1~2개 대학을 추가로 붙는 경우가 대부분입니다. 그래서 충원의 도미노가 금방 멈춥니다.

충원 기간에 영향을 많이 받는 학생은 학생부교과전형과 학생부종합전형을 함께 지원한 학생이에요. 학생부교과전형 합격자들은 대부분 1등급대입니다. 그 중 1등급 후반의 학생들은 최상위권 대학에 학생부교과전형을 지원할 만큼은 아니니 비교과를 정비해서 최상위권 학생부종합전형을 지원하고, 중위권 대학에는 학생부교과전형으로 지원하는 거지요. 그렇다보니 지원한 대학에 모두 합격한 경우, 교과

전형으로 합격한 대학보다는 종합전형으로 지원한 대학을 등록하는
경우가 많아요. 여기서 도미노가 시작되는 거지요. 교과전형에서 합
격발표를 목매며 기다리는 아이들은 상향지원한 종합전형에서도 합
격발표를 받지 못한 아이들이 대부분이에요. 그런데 매일 1회씩만 발
표하는 충원 발표 기간이 짧아지면 당연히 충원번호가 많이 내려가
지 않겠지요. 결론적으론 충원 기간이 짧아서 충원이 더 잘 돌지 않을
것이고, 교과전형에서 예년이면 합격할 수 있었을 아이들이 꽤 많이
떨어지는 현상이 생길 수 있는 거지요.

충원이 잘 되는 학교, 잘 안 되는 학교 중 어디가 좋고 나쁘다는 이
야기가 아니에요. 중상위권 대학 중 충원이 잘 되는 학교는 상위권대
학과 학생선발 동기화가 잘 되어있다는 의미입니다. 중상위권 대학
중 충원이 잘 안되는 학교는 그 대학만의 잣대로 선발한다는 의미입
니다. 이 점을 거꾸로 활용할 수 있지 않을까 싶어요. 참고로 충원율
은 '대학 어디가'나 대학 홈페이지에 가면 대부분 공개되어 있습니다.

충원 발표 FAQ

충원 합격 발표 기간 중 문의가 많은 내용을 정리해 봤습니다.

개인적으로 입학처에 전화를 해도 합격여부를 알려줄 수 없어요. 개인정보보호가 엄격해져서 함부로 수험생의 합격여부를 알려줄 수 없어요. 그래서 입학처 홈페이지에서 개인정보(이름, 수험번호, 생년월일)를 입력하면 입시결과를 볼 수 있는 페이지를 만들어 놨어요. 충원 합격 발표를 전화로 할 때는 가능한데 무슨 소리냐 할 수 있는데요. 입학 원서 작성할 때 기재했던 전화번호로만 입학처에서 전화를 하니 신원 확인이 된 것으로 간주해요. 직접 개인정보를 입력해 인터넷으로 찾아보거나 대학이 수험생에게 전화한 경우에만 합격여부 확인이 가능합니다.

충원 합격 발표는 실시간이 아니에요. 인터넷으로 개인정보를 입력해 결과를 볼 수 있게 되어 있다 보니 오해가 생기는 경우가 종종 있어요. "오늘 한 명도 안 빠졌어요? 한 시간 전이랑 제 예비 순위가 똑같네요." 같은 문의를 많이 해요. 충원 합격자들에게 등록할 수 있도록 여유시간을 줘요. 보통 저녁 8시~9시쯤 충원 합격자를 발표하고 그 다음날 4시까지 등록할 수 있도록 시간을 줍니다. 그러니까 저녁 9시쯤 충원 합격 발표를 보셨다면 다음날 4시까지는 똑같은 번호인 것이 정상이에요. 중간에 번호가 바뀌었다는 것은 충원 발표를 또 했다는 의미인데요, 그럼 그 전날 발표한 충원 합격자의 등록 마감 시간을 좀 당겼다는 것이지요. 이럴 경우 홈페이지에 공지가 되어 있을 거에요. 그래서 합격자가 아니라도 충원 합격자 등록일이나 등록마감시간을 확인하면 좋아요. 다른 차수 충원 합격자의 등록 일정, 등록 마감 일정을 보면 언제 충원 합격 발표를 하겠구나 미리 예측할 수 있답니다.

인터넷 충원 합격 발표를 했을 때 등록 의사가 없다면 그냥 등록을 안하면 됩니다. 혹은 대학에서 전화가 왔을 때 의사를 밝히면 돼요. 다른 학생들을 배려하는 마음으로 인터넷 합격 발표를 보고 등록을 포기하겠다고 일부러 전화하는 수험생이 많아요. 하지만 등록 포기라는 아주 중요한 사항을 전화 한통으로 확정지을 수 없어요. 보통은 그냥 등록 안 하거나 전화를 받았을 경우 정확히 의사표시를 하면 됩니다.

등록 취소 신청만으로도 이중 등록자에서 제외됩니다. 가고 싶었던 대학에서 충원 합격 발표를 받고 기존에 등록한 대학에 취소신청을 했습니다. 그런데 새로 등록한 대학에서 이중등록으로 잡혔다고 연락을 받는 경우가 종종 있지요. 복잡한 시스템 설명은 생략할게요. 다만 등록 취소를 요청한다고 바로 취소되는 건 아니에요. 취소 요청한 수험생을 승인하는 절차가 있습니다. 수시에서는 문서등록만 하는 학교도 있지만, 예치금이 걸려있는 학교가 많거든요. 환불하는 절차가 있어서 지연되는 거에요. 그래서 학생이 등록 취소 신청을 했다는 사실만 확인할 수 있어도 이중등록자에서 제외됩니다. 이중등록으로 이름이 올라가도 취소 신청 시점을 기준으로 이중등록 여부를 따질테니 너무 놀라지 마세요.

마지막 충원까지 희망을 버리지 않고 있다면 충원 발표 마지막 날 마감시간까지는 전화기를 놓지 말아야 해요. 매일 1명씩 충원 합격을 했다고 마지막 날에도 무조건 1명만 되는 것도 아니고, 매일 10명씩 발표했다고 마지막 날에도 10명이 추가 합격된다는 보장이 없어요. 힘들겠지만 마지막까지 기다려야 해요. 미래는 아무도 모르니까요.

충원 합격 발표 전화는 원서접수 시 기재한 모든 전화번호로 해요. 전화번호가 바뀌었다며 문의하는 수험생이 많은데요, 첫 번째 번호로 전화를 했는데 안 받았다고 바로 다음 예비순위자에게 합격을 넘기지 않아요. 입학 원서에 기재된 모든 전화번호로 순서대로 전화를 합니다. 보통은 할아버지·할머니, 친척 그 누구라도 6개 전화번호 중 하나는 받습니다. 물론 그럴 경우 등록·미등록 의사를 밝히긴 어렵지만, 최소한 본인과 전화통화를 할 수 있게 방법을 찾아주는 주는 거지요.

지난 해 충원 배수는 결과에요. 해마다 달라요. 지난 해 결과를 보여주는 것일 뿐입니다. 모집 단위별로 쪼개서 보면 완전히 다른 결과가 오는 경우도 많아요. 특히 모집인원이 적은 학과는 사실 통계로서의 의미가 별로 없어요. 해마다 들쭉날쭉이에요. 그래도 굳이 발표하는 이유는 조금이라도 불안감을 줄였으면 하기 때문이에요. 배수는 모집단위의 정원을 활용하고요. 예를 들어 10명을 선발하는 모집단위에서 1배수가 충원되었다고 하면 10명이 충원되었다는 의미입니다. 1.5배수 충원되었다라면 15명이 충원되었다는 의미인 거지요. 인원으로 얘기하지 않고 배수로 얘기하는 이유는 충원 배수를 가지고 예측하는 것이 그래도 적중률이 높으니까요. 많이 뽑는 학과는 충원이 많이 되고, 적게 뽑는 학과는 충원이 적게 된다는 의미로 해석할 수 있어요. 그러니까 상향지원을 하는 경우에는 모집단위 선발인원이 많은 학과를 지원하는게 충원범위 안에 들 수 있는 가능성이 높아지죠. 원서접수 때는 3년~5년 충원 배수를 알아보고 지원할 수 있지만, 예비 순위를 받았다면 기다리는 것 밖에는 방법이 없어요. 작년 충원 배수대로 합격자가 나온다는 보장이 없으니까요.

여러 대학에 한꺼번에 합격한 경우에는 그 전에 합격한 대학을 취소 신청한 후 등록하세요. 전국의 모든 대학의 등록기간은 동일해요. 여러 대학에 합격한 학생은 그냥 원하는 대학 한 곳만 등록하면 돼요. 등록을 안 하면 그 다음 충원 합격자에게 자리가 넘어갑니다. A대학에 최초 합격자로 선발 되었는데 B대학에서 예비순위 1번이라면 대부분 최초 충원 합격자 발표에서 합격 발표를 받을 텐데요. 1차 충원 등록기간에 A대학을 취소하고 B대학에 등록하면 됩니다. A대학 먼저 취소하고 B대학을 등록하는 중간에 비는 시간이 불안해서 진짜 합격된 것이 맞는지 질문을 많이 하는데요, 등록 마감 시간까지는 이중등록이 일시적으로 잡혀있어도 괜찮습니다. 다만 이중등록 시간이 보통 16시간 이상이 되면 문제가 있는 거지요.

수시 문서 등록과 본 등록

수시 합격자들은 등록을 두 번 해야 해요. 문서 등록과 본 등록이 그것이지요. 문서 등록은 수시모집 합격자가 그 대학에 등록하겠다 서약했다는 정도로 이해해 주면 좋겠어요. 얼마 전까지는 수시 예치금이라고 서약의 증거금으로 30만원 정도를 대학에 납부했었는데요, 요즘 그 금액을 없애고 등록만 하게 되면서 생긴 용어에요.(0원등록이라고도 불려요) 등록은 학교에 다니겠다고 의사표시를 한다는 의미인데요, 일반적으로는 등록금을 냄으로써 의사표시를 합니다. 그런데 정식 등록(본 등록이라고 부릅니다)은 정시 합격생들부터 시작하거든요. 수시 학생들은 임시로만 등록하게 되어 있어요. 다만 한 개의 대학만 선택해야 하니 예치금이라는 것을 미리 지불해서 이 대학에 앞으로 등록하겠다는 약속을 하는 거지요. 정시 최초 합격자들이 등록할 때 같이 등록금을 내면서 본 등록을 완료하는 거예요.

예치금이 0원인 경우, 수시 합격자는 합격발표 화면에서 버튼을 따라가면 등록 화면으로 연결됩니다. 그 화면에서 '등록하시겠습니까?' 질문에 '네'를 누르면 문서 등록이 끝나요. 너무 쉽게 등록과정이 끝나니 불안해하고 놀라는 경우가 많아요. 그래서 등록된 것이 맞는지 문의를 많이 해요. 합격여부 안내와 마찬가지로 전화하는 사람이 누군지 알 길이 없으니 등록여부를 시원하게 안내해드리기는 어려워요. 대신 등록이 완료되면 휴대전화로 메시지가 가고 증명서가 출력됩니다.

본 등록은 실제로 등록금을 내는 거예요. 예치금 납부, 문서 등록을 했다면 본 등록도 꼭 해야 해요. 수시합격자는 정시 최초합격자 등록기간과 동일해요. 문서 등록과 마찬가지로 등록 기간을 놓치면 등록할 수 없어요. 빈자리 만큼 정시로 이월되는 거예요. 그러니 등록 기간 꼭 확인하고 기간에 맞춰 등록하는 것이 정말 중요하지요.

POINT

수시모집 합격자는 문서 등록(예치금 납부)와 본 등록 두 번의 등록을
완료해야 한다. 공지사항을 숙지하여 두 번의 등록을 모두 기간에 맞춰
등록해야 한다.

선 넘은 사람들

대학을 잘 보내기 위해 특성화고에 진학하는 경우가 종종 있어요. 특성화고등학교 입시를 위한 사교육업체가 따로 있어요. 특성화고등학교 안에서 대학진학을 목표로 하는 별도의 반에 들어가기 위한 준비를 도와주는 곳이에요. 그 반에 지원하려면 높은 경쟁률을 뚫어야 한대요. 그래서 그 시험을 대비하기 위해 포트폴리오 제작 등을 도와주는 곳이라고 해요.

내신 경쟁이 덜 치열하고 수능 공부를 힘들게 할 필요가 없을 거라는 기대로 특성화고등학교졸업자 특별전형을 염두하고 진학하는 것 같아요. 하지만 많은 대학들이 2020학년도부터 정시에 특성화고졸업자전형을 진행해요. 정시는 수능위주전형만 운영하게 되어 있어서 보통 수능 100%전형이에요. 특성화고 졸업자끼리의 경쟁이긴 하지만, 어차피 수능시험공부를 해야 하는 전형에서만 특혜를 받을 수 있어요. 수시모집에서 학생부종합전형으로 뽑던 때와는 다른 상황이 된 거지요. 게다가 특별전형이다 보니 학과별로 모집인원이 1명~2명 정도에 학과도 한정적입니다. 인원이 워낙 적어 충원도 거의 되지 않으니 웬만하면 최초로 합격해야 합니다. 일반 전형보다 합격 점수가 높은 학과도 종종 있을 정도로 경쟁이 치열해요.

물론 수시에서 특성화고 출신자들을 학생부종합전형으로 선발하기도 해요. 하지만 특성화고 졸업자들만의 전형이 아니에요. 보훈대상자나 농어촌 학생, 기초생활수급자 등의 특별전형 대상자들을 한꺼번에 모아 고른 기회라는 전형으로 선발해요. 자격 기준만 통과하면 모두 똑같은 기준으로 선발하는데 학생부 전체를 정성적으로 평가합니다. 보훈대상자, 농어촌 학생, 기초생활수급자 등 일반고에서 평범한 교육과정을 거쳐 온 학생들과 기초 과목 몇 개와 실습 과목 대부분으로 채워진 특성화고 학생들이 학생부로 경쟁을 하는 거지요. 일반고 출신자들에 비해 과목 수가 부족하니 경쟁이 쉽지 않아요. 고른 기회 역시 특별전형이라 학과 별로 1~2명 정도 밖에는 선발하지 않으니 충원도 거의 되지 않기는 마찬가지고요. 특히 특성화고 학생은 고등학교의 전공과 대학에서의 전공이 일치되어야 한다는 자격조건이 하나 더 있어요. 그러니 범위가 더욱 한정되는 거지요.

농어촌학생특별전형도 비슷해요. 농어촌학생특별전형을 염두하고 농어촌 지역으로 이사간다는 이야기가 심심치 않게 들려요. 농어촌학생특별전형은 두 종류가 있습니다. 농어촌에서 초, 중, 고 모두 나온 경우(12년), 중·고를 나온 경우(6년)인데요, 12년의 경우 본인만 농어촌에 12년 전 교육과정 기간 내내 거주하면 됩니다. 6년 과정에 지원하는 경우 본인뿐 아니라 부모 모두 농어촌에 6년 동안 같이 거주해야 해요. 함께 살지 않으면 자격기준이 미달됩니다. 그래서 부모의 직장에 대한 증빙을 모두 제출해야 하는데 직장이 출퇴근이 가능한 거리인지까지 서류를 제출하고, 의심되는 부분이 조금이라도 있다면 실사까지 합니다. 부모가 주말 부부라면 자격이 되지 않아요. 보통 이사를 염두에 둔다면 6년 과정일 경우인데, 힘들게 떨어져 살았는데 자격기준이 안 되는 경우가 종종 생겨요.

수능도 학생부도 필요없는 재외국민과 외국인특별전형에 보내겠다고 아이를 해외로 유학 보내도 이젠 소용이 없어졌어요. 학생 혼자 해외에서 공부한 경우는 3년 이상 해외학교를 다녔어도 이제 자격이 되지 않아요. 부모의 직장 때문에 피치 못하게 해외에서 학교를 다녀야 자격이 되는데요, 2021학년도부터 부모가 모두 함께 해외에 체류해야만 해요. 예를 들어 엄마의 직장이 한국에 있고 아빠만 해외로 발령이 났어요. 아빠와 아이만 해외에서 체류했다면 해외고를 3년 이상 다녔어도 자격이 되지 않아요. 부모 모두 출입국 관리기록이 아이의 재학기간과 비슷해야합니다. (체류일 등의 기준이 있지만 생략할게요) 그래서 자격기준 때문에 늘 문의와 민원이 끊이지 않는 전형이 특별전형이에요. 부모가 주말 부부이거나 따로 떨어져 산다면, 아이의 자격이 되지 않으니 이혼하는 경우도 있다고 하네요. 아이를 대학에 보내기 위해 서류상으로만 이혼을 하는 거지요.

이런 경우도 있어요. 고등학교 1학년 1학기에 중간고사 성적을 받고, 충격을 받은 경우 말씀드렸지요. 보통 중학교에서는 최상위권이라고 생각해 자사고, 특목고에 입학했는데, 상대평가로 받은 내신이 생각지도 못한 숫자로 나오는 경우가 대부분입니다. 그럴 때 아이들은 '자퇴 할까?' '검정고시 볼까?' '전학 갈까?' 이런 말을 많이 하지만, 실제로 자퇴를 하고 검정고시를 보거나 전학을 가는 경우는 많지 않습니다. 결국 다시 힘을 내보자 하고 기말고사를 심기일전합니다. 그런데도 결과가 안 좋으면 수능에 집중해야지 하면서 계속 열심히 하는 것이 보통의 평범한 중상위권 학생들의 모습이에요.

　그런데 진짜 자퇴를 하고 검정고시를 보는 학생이 있습니다. 특성화고등학교로 전학을 가는 학생도 있습니다. 고등학교 생활이 정말 안 맞아서 자퇴를 하거나, 취업을 위해 특성화고 전학을 간다면 나쁜 선택이 아닙니다. 하지만 대학 진학을 위한 자퇴나 전학은 무모한 선택이지요. 여기서 한 발짝 더 간 경우도 있어요. 아예 신입생으로 입학하는 학생도 있어요. 한마디로 학생부를 세탁하는 거지요. 심지어 고등학교 삼수생도 있어요. 경쟁없는 곳에서 학생부를 새롭게 시작하자는 마음으로 지방까지도 거침없이 내려간다고 합니다.

　아이가 주도해서 결심한 거라면 그나마 나은데요, 엄마가 결정하고 아이에게 강요하는 경우는 과연 좋은 결과가 나올 수 있을까요? 대부분 아이와 둘만 이사를 갑니다. 결국 아이는 낯선 지역에서 자기보다 나이 어린 낯선 아이들과 경쟁을 하는 거지요. 거기에 무조건 모두 1등급을 받아야 한다는 압박까지 있습니다. 수능처럼 딱 한 번에 승부가 나는 것도 아니에요. 3년 내내 중간·기말고사와 수행을 해내야 합니다. 잘 이겨내면 다행이지만, 잘 이겨내지 못하는 경우가 제법 있다고 해요. 학생부만이 학교생활의 전부는 아니니까요. 친구들과 친밀감, 분위기도 중요하니까 학력 높은 학교를 선호하는거잖아요. 그래서 오히려 안 좋은 결과를 받은 아이의 이야기를 들은 적이 있어요.

또 다른 경우는 하위권 학생들에게 있는 경우입니다. 고등학교 위탁교육이라는 직업교육과정이 있어요. 일반계고등학교에 다니는 학생들이 특성화고등학교로 전학을 가지 않고, 외부 위탁교육기관에서 직업교육을 받는 거예요. 게임, 호텔경영, 요리, 미용 같은 과목을 듣고 학생부교과에 기록이 되는 거예요. 대학 진학에 뜻이 없는 학생들이 특성화고등학교로 전학가지 않고 직업교육을 받을 수 있도록 한 것이지요. 그런데 이 학생들이 학생부교과전형에 지원을 하는 거예요.

학생부교과전형은 정량적으로 점수를 내는 방식이에요. 종합전형처럼 종합적으로 누군가 직접 학생부를 들여다보며 점수를 내는 것이 아니고 온라인으로 수신받은 학생부교과 숫자만으로 계산을 하는 방식입니다. 학년별로 가중치를 나눠놓지 않는 경우 1, 2학년에 들은 과목만으로 성적을 계산하면 일반고에서 3학년을 다 온전히 다닌 아이들보다 점수가 높게 나올 수 있는 거지요. 위탁교육을 받은 학생들은 일반고를 졸업해야 한다는 학생부 교과전형의 자격기준에 충족하면서 1,2학년(대부분 1학년) 성적으로만 계산하니 환산점수가 잘 나오는 경우가 많아요. 특히 1학년에는 공통과목을 들으니 인원수가 많아 상대적으로 등급을 잘 받을 수 있으니까요.

몇몇의 사례이긴 하지만 이런 방법으로 대학에 합격한 것이 과연 아이에게 도움이 될지 의문입니다. 당장 우리 아이를 덜 고생시키고 싶어 쉬운 길로 안내하긴 했지만, 실제 인생은 대학입학으로 끝나는 게 아니잖아요. 다행이라면 대부분의 대학이 2022학년도부터 학생부교과전형을 지역균형전형으로 만들어 학교장 추천이 있어야 지원할 수 있게 만들어 놨어요. 그리고 수능 최저학력기준이 있어요. 수능을 응시를 해야 하고, 최저학력 기준도 맞춰야할 뿐 아니라 일반계고등학교에서 멀쩡한 교육과정 잘 거친 아이들을 제치고 추천서까지 받아야 합니다.

그래서인지 2021학년도 수능응시자 숫자를 보면 검정고시 출신자의 비율과 실제 인원이 늘었어요. 인구가 급감하니 지원자 숫자가 전체적으로 줄었는데도 불구하고 검정고시 출신은 1천명 정도 늘었다는 건 이런 영향이 아닐까 생각돼요. 특히 학생부종합전형이 2020학년도부터 검정고시 출신자, 해외고 출신자를 선발할 수 있게 되면서 편법에 관심을 가지게 된 건 아닐까 생각이 들어요. 2017년 헌법재판소가 검정고시 출신자를 수시에서 제한하는 것은 대학입학 기회를 박탈하는 것이라는 결정을 내려서, 많은 대학들이 서서히 검정고시 출신자들에게도 학생부종합전형의 문을 열어주기 시작했거든요. 입시는 4년 예고제이니 바로 발표했어도 2020학년도 입시부터 고칠 수 있었어요. 점차 확대되어 2021학년도에는 검정고시 출신자도 대부분의 학생부종합전형에 지원할 수 있도록 했습니다. 그래서 학생부종합과 검정고시를 함께 검색해보면 검정고시 출신으로 수시 대학가기에 관련된 정보가 많아요. 검정고시는 수능이나 토익과 비슷해요. 무제한으로 볼 수 있어요. 계속 시험을 보면 성적을 올릴 수 있습니다. 일 년에 두 번 시험이 있으니 수능보다 기회가 많아요. 그래서 검정고시로 마음을 정한 학생들은 2학년 나이 무렵부터 검정고시를 응시한다고 합니다. 3번 정도는 응시하고 가장 좋은 성적이 나온 성적표를 수시모집에 제출하는 거지요.

일반계고등학교를 나온 학생의 학생부는 기재되는 내용이 굉장히 한정적입니다. 하지만 검정고시 학생들은 한정할 수가 없습니다. 기재금지사항만 아니라면 검정고시 공부기간에 맞춰서 무엇이든 기재할 수 있어요. 무엇보다 본인이 기재합니다. 교사가 관찰한 내용이 아니에요. 자기소개서도 학생부에 있는 내용으로 한정되어 있는데, 이들은 자기소개서도 자유롭게 쓸 수 있는 거지요. 학생부가 없는 학생이 학생부가 있는 학생들을 제치고 학생부종합전형에 합격했다는 게 그냥 들어도 모순이 있어 보이지요. 집안이 어려워 고등학교를 다니기 힘들었다면 어쩔 수 없지만 대입을 위해 일부러 고등학교를 자퇴하고 검정고시를 본 것 역시 아이에게 좋은 영향을 끼치진 않을 것 같아요. 아이가 정말 원한다면 그것도 난감한 일인데, 아이가 원치 않는데 엄마가 억지로 강요하는 건 정말 안될 일이지요. 신중하게 생각해 주세요. 대학 입학 후에도 아이의 인생은 아주 많이 남아있으니까요.

이렇게 신입학을 위해 자격기준을 만들기 위해 무리하는 경우가 있다면, 입학 이후에 두 번째 기회를 노리는 사람도 있어요. 흔히 입시에서 두 번째 기회는 재수잖아요. 그런데 학생부가 주된 평가 잣대인 요즘은 쉽지 않아요. 재수를 하면서 실력을 향상시켜 현역 때 보다 좋은 조건을 만들어야 재수의 의미가 있는데, 한 번 실패했던 학생부로 다시 대입을 지원해야 하니 그다지 매력적인 선택이 아니잖아요. 수능공부를 하며 재수를 할 수 있겠지만 정시비율이 너무 낮으니 그 좁은 문만 바라보며 재수를 선택하기엔 기회비용이 너무 많이 들기도 하고요. 이렇게 재수가 매력이 떨어지며 점점 관심을 받기 시작한 제도가 편입학입니다.

편입학은 대학교 2학년 이상을 수료한 학생들이 다시 다른 대학의 학부과정 3학년에 입학해 2년 동안 공부하고 학사학위를 받는 제도입니다. 편입학에는 일반편입학과 학사편입학이 있어요. 일반편입학은 전문대졸 혹은 4년제 2학년 이상 수료한 학생들이 지원할 수 있고, 학사편입학은 학사학위가 있는 학생들이 지원할 수 있어요.

편입학시험은 수능시험, 학생부에 비하면 한결 간단해요. 대부분 인문계열은 영어(혹은 국어와 영어), 자연계열은 영어와 수학 지필고사를 봐요. 아예 인문, 자연을 망라해 영어 시험만 보는 대학도 있어요. 시험 수준은 대학교 1,2학년 기초과목정도인데, 보통 5지선다 객관식이에요. 대부분의 대학이 비슷한 방식으로 시험을 치러요. 그래서 수능시험처럼 한 번에 시험 준비가 가능합니다. 필기시험만으로 학생을 선발하기도 하고 학교별로 다르지만 3배수 혹은 5배수를 선발해 면접을 보고 선발을 하기도 하지만, 결국 중요한건 지필고사의 성적이에요. 4년제, 전문대, 학점은행제, 독학사 등 전적대학의 종류가 다양하니 전작대학 평균 평점을 평가에 반영하긴 어렵거든요.

얼마 전부터 학사편입학 지원자가 늘어나기 시작했어요. 연령층도 많이 낮아졌고요. 스무 살 밖에 되지 않은 아이들이 학사학위를 가지고 대학에 지원하는 경우가 꽤 많아졌어요. 독학사라는 제도를 활용하는 거지요. 학사학위를 취득하는 방법 중에는 일반 4년제 대학을 졸업하는 것 외에도 방송통신대학교나 사이버대학교를 졸업하는 방법이 있어요. 그리고 학점은행제나 독학사 제도로 학위를 딸 수도 있습니다. 특히 독학사는 검정고시처럼 독학으로 공부해 학사학위를 취득하는 제도에요. 방통대나 사이버대, 학점은행제는 시간과 비용이 들어갑니다. 하지만 독학사 제도는 비용도 거의 들지 않고 1년 안에 학사학위 취득이 가능해요. 총 4차에 걸친 시험이 있는데, 차례로 합격하면 1년 안에 충분히 합격이 가능하거든요. 입시에 실패한 학생들은 재수를 하는 대신 독학사 학위를 1년 만에 따는 거예요. 독학사는 자격시험이니 과목별로 60점 이상만 받으면 합격이에요. 특히 독학사 1단계 시험은 대학 기초과목이니 겸사겸사 편입 지필고사 공부를 할 수 있어요. 그러니 독학사 공부와 편입시험 공부를 병행해 독학사를 취득함과 동시에 바로 3학년으로 편입을 하는 거지요.

사실 그동안 전문학사, 4년제 2학년 수료자 대상으로 선발하는 일반편입은 경쟁이 치열했어요. 지원자 숫자도 많아서 면접 배수 안에 들기도 쉽지 않았어요. 반면에 학사편입은 별로 인기가 없었어요. 학사학위가 있는데, 굳이 다른 대학의 3학년 편입을 하기보다는 석사과정에 진학하는 경우가 많았거든요. 그러니 학사편입에서는 면접 배수 안에 드는 것도 상대적으로 쉬운 편이거든요. 말 그대로 블루오션이었어요. 이 자리를 사교육업체에서 간파한 거지요. 이제 독학사를 통한 학사편입이 점점 늘어가고 있어요. 망쳤던 학생부를 걱정할 필요없고, 그 많은 수능과목을 공부할 필요도 없어요. 그냥 수학과 영어 공부 정도만 하면 되는 시험을 보고 대학에 합격하고 2년 만에 졸업하는 거지요.

첨단학과 신설로
편입학 경쟁률이 줄어들까?

첨단학과를 신설하는 방법 중 하나가 일반 편입학 인원을 조정하는 거예요. 일반 편입학 인원을 산정해 그 숫자의 50%만큼을 신입학 인원을 추가로 배정할 수 있는 거지요. (이 외에도 조건이 있고, 계산법이 좀 더 복잡하지만 아주 단순하게 말씀드리면 그렇습니다) 그러니까 첨단학과를 신설한 대학에서는 일반 편입학 인원이 줄어드는 거예요.

사실 편입학은 말씀드렸다시피 학생부종합전형의 비율이 늘어나면서 지원자 숫자가 증가했어요. 그런데 일반 편입학 인원이 줄어드니 편입학을 준비하던 많은 학생들이 불안해합니다. 하지만 일선에서는 일반 편입학 인원이 줄어드는 건 한시적이라는 의견이에요. 왜냐하면 일반 편입학 인원 산정은 중도탈락률(제적생)을 기준으로 하고 있거든요. 신입학인원이 늘어나면 중도탈락 인원도 같이 늘어날 가능성이 높아요. 결국 일반편입학 인원은 몇 해는 줄어들겠지만 몇 년 지나면 다시 복구될 것 같다는 것이 일선의 예상입니다. 또, 학사학위를 가진 사람이 지원하는 학사편입학은 애초에 여석으로 산정하지 않아요. 그러니 대부분 인원이 유지될 거예요. 독학사를 통해 편입학을 준비하는 학생들은 큰 타격을 받지 않을 것 같아요.

게다가 2022학년도부터 정시비율이 늘어나기 시작했어요. 최소한 40%이상으로 늘리라는 교육부의 권고를 받은 대학은 2023학년도 의무사항이지만 대부분은 2022학년도에 조기달성을 했고요. 그 외 중상위권 대학 대부분이 40%를 이미 만들어 놓은 상태입니다. 2023학년도에는 꽤 많은 수도권 중상위권 대학이 정시를 30~40% 정도로 만들어 놓을 것 같습니다.

이렇게 정시가 늘어나면 재수생도 늘어날 수 밖에 없어요. 그동안은 정시 문이 너무 좁아서 재수를 생각하지 못했던 아이들이 많았거든요. 합격한 대학에 만족하지 못했던 아이들이 결국에는 대부분 편입학 지원자가 되는데 이 아이들의 숫자가 줄어들 거에요. 이는 편입학 지원자 숫자를 줄이는 데 한 몫을 하겠지요.

결국 편입학 경쟁률은 한 두해 정도 높아지겠지만, 곧 원래로 돌아가지 않을까 예상해 봅니다.

초등학교 저학년까지는 엄마표 교육이 살아있습니다. 한글 떼기부터 숫자교육, 영어교육, 독서교육 등등…. 책육아라는 말이 있을 정도로 초등학교 저학년까지는 사교육이 있긴 하지만, 엄마들이 직접 교육하는 경우도 많습니다.

하지만 초등학교 고학년만 되어도 대부분의 학부모들은 사교육에 모든 권한을 위임합니다. 대부분이 학원에 다니고 학원에서 진학, 진로 상담을 받습니다. 그렇다고 엄마들이 아예 손 놓고 가만히 있어서 사교육에 대입을 일임하는 것도 아닙니다. 사교육이나 학교에서 하는 설명회에 참석하고, 인터넷을 검색하면서 대입정보를 열심히 공부합니다. 당장 무엇을 해야 할 지 알 수 없을 뿐입니다. 이렇게 열심히 대입을 공부하면 공부할수록 '어렵고 힘든 것=대입' 이라는 생각만 커질 뿐입니다. 왜냐하면 가장 많이 떠돌아다니는 정보는 서울대 입시결과, 의대 입시결과 같은 자연계 최상위권 학생들에 대한 이야기니까요.

인문계 아이들도 해마다 대학에 진학합니다. 중상위권 아이들도 대학에 진학합니다. 어찌 보면 중상위권 아이들이 가장 경쟁이 치열한 구간에 놓여있습니다. 작은 차이로도 대학과 학과가 결정되고 심하면 합불도 결정되는 일이 비일비재하니까요. 오히려 이 아이들에게 그들만의 대입 정보가 더욱 필요합니다. 최상위권을 따라 하다보면 저절로 잘 될 수도 있지만, 아닐 수도 있습니다.

결국 우리 아이에게 정말 중요한 것이 무엇인지 정확히 파악하는 것이 필요한 것이 요즘의 대입입니다. 그래서 엄마표가 꼭 필요한 분야가 대입입니다.

코로나사태로 온라인 학습이 일반화되면서 자기주도학습과 자기조절 능력이 정말 중요해졌지요. 엄마표 대입의 기본은 '자기주도학습'이라고 생각합니다. 그러려면 엄마도 입시에 대한 공부, 우리 아이에 대한 공부를 스스로 해 나가는 연습을 해야합니다. 그 과정에 조금이라도 보탬이 되고 싶습니다.
제 글의 목적은 엄마의 불안감을 줄이는 것입니다.

불안감만 줄어들어도 시야가 넓어집니다. 해결할 문제가 무엇인지 명확히만 알고 있어도 불안감이 줄어듭니다. 해결할 문제가 무엇인지 파악하면 해결 방법은 보다 쉽게 찾을 수 있습니다. 그 문제를 파악하는 것에 제가 도움이 된다면 좋겠습니다.

제 글로 대한민국 엄마의 불안이 1%라도 줄어든다면 바랄게 없습니다.

2022
대학입시를
알지
못하는
엄마들에게

초판 1쇄 인쇄 2021년 8월 19일
초판 1쇄 발행 2021년 8월 26일

지은이   김도하
발행인   서진
펴낸곳   이지퍼블리싱

편집   성주영

마케팅   구본건 김정현
영업   이동진

디자인   양은경

주소   경기도 파주시 광인사길 209, 202호
대표번호   031.946.0423
팩스   070.7589.0721
전자우편   edit@izipub.co.kr
출판신고   2018년 4월 23일 제2018—000094호

ISBN   979-11-90905-13-8 (13590)